LES MERVEILLEUX NUAGES

DU MÊME AUTEUR

L'Île au bonheur
Hommes, atomes et cécité volontaire
Le Pommier, *2022*

AUX MÊMES ÉDITIONS

Le nucléaire n'est pas bon pour le climat
Hervé Kempf, 2022

Cent mille ans
Bure ou le scandale enfoui des déchets nucléaires
Pierre Bonneau, *Gaspard d'Allens*, *Cécile Guillard*, 2020

La France nucléaire
L'art de gouverner une technologie contestée
Sezin Topçu, 2013

Avec le nucléaire
Un choix réfléchi et responsable
Henri Prévot, 2012

En finir avec le nucléaire
Pourquoi et comment
Benjamin Dessus, *Bernard Laponche*, 2011

HARRY BERNAS

LES MERVEILLEUX NUAGES

Que faire du nucléaire ?

Éditions du Seuil
57, boulevard Gaston-Tessier, Paris XIXᵉ

Avec l'aimable autorisation des éditions du Pommier
pour quelques emprunts faits aux chapitres 3 et 4
de *L'Île au bonheur*.

ISBN 978-2-02-153149-7

www.seuil.com

J'aime les nuages… les nuages qui passent… là-bas…
là-bas… les merveilleux nuages !

Charles Baudelaire

à Anna et Malaïka,
pour l'avenir

Avant-propos

Nuages de fumée, nuages de radioactivité, nuages de paroles. Sur le présent et l'avenir du nucléaire, les discours nous cernent de nuages. Le plus opaque d'entre eux, c'est lorsque le sujet est présenté comme technique et marginal. Car l'énergie qu'on utilise dépend du mode de production, d'échange de biens et de nourriture, de la densité géographique, de l'urbanisme, des moyens de transport ou de communication disponibles. Inséparables, le développement énergétique et la société ont une histoire commune[1]. On croit parler de technologie et elle joue un rôle, bien sûr, mais le « nucléaire » tel qu'il existe résulte d'abord de choix faits par des États en des moments critiques de l'Histoire ; la technologie, par sa lourdeur, et l'économie ont ensuite figé son avenir. Ce qui place la réflexion et le débat autour du nucléaire sur le plan politique et social, là où le dialogue citoyen peut dissiper les nuages. Car la société, c'est bien l'affaire des citoyens.

Ce livre paraît alors qu'est annoncé un débat sur la nouvelle programmation énergétique et le rôle du nucléaire. Un spectre hante le débat : le spectre de la vérité. Le nucléaire, civil ou militaire, c'est l'État. Celui-ci s'est arrogé, dès 1942 aux États-Unis, le monopole de la production de vérité en matière nucléaire. Le secret-défense s'est étendu au civil, souvent mué en mythe, en mensonge ou en silence depuis des décennies. C'est la fabrique des nuages. Or, dans la France de 2023, la crise, sociale et énergétique, est si grave que le réel pourrait bien faire pleuvoir des vérités redoutables.

Il ne suffit pas d'un discours pour transformer le potentiel industriel, les inégalités et les modes de vie d'une nation. C'est pourtant la manière dont les décisions en matière nucléaire sont prises aujourd'hui[2]. Nous vivons les effets combinés d'une crise bioclimatique croissante et d'une évolution paroxystique du capitalisme. Le « nucléaire » me semble emblématique des questions posées par ce moment historique où un « monde ancien se meurt et le nouveau tarde à naître[3] ». Affronter les choix énergétiques et en débattre, c'est aussi un moyen de ne pas subir l'avenir.

Le terrain de ce livre, le paysage dans lequel il s'inscrit, est celui de la vie réelle, concrète, du citoyen curieux, inquiet, critique, qu'il soit non spécialiste ou informé. L'analyse rigoureuse du Groupe d'experts intergouvernemental sur l'évolution du climat (GIEC[4]) ne prouve pas seulement qu'il reste moins de dix ans pour réduire de moitié les émissions de gaz à effet de serre (GES), faute de quoi rien ne pourra plus arrêter le réchauffement climatique ; le GIEC ne dit pas seulement que les émissions de GES doivent être réduites à zéro d'ici 2050 pour que l'élévation de température ne dépasse pas 1,5 °C en 2100 (on est actuellement sur une trajectoire à +2,7 °C, en route vers un monde insupportable pour les humains d'aujourd'hui). La majorité des Français reconnaît ces faits[5], subissant déjà les effets du dérèglement climatique, ses crises énergétiques et ses inégalités[6]. Le GIEC explique comment les changements que nous observons au quotidien constituent non des événements isolés, mais le premier stade d'une évolution inéluctable, que nous pouvons encore atténuer, mais pas inverser. Prendre la mesure de cette réalité, c'est comprendre que le dérèglement climatique est un moteur de transformation irréversible du monde vivant – et donc de nos sociétés. Qu'on le veuille ou non, il va modifier l'ordre social, qu'il faudra adapter aux nouveaux effets du climat. Nul besoin d'imaginer des cataclysmes pour réaliser que les sociétés vont se transformer bien plus encore, et plus rapidement, que lors des trente ans pendant lesquels les villes ont absorbé les paysans et leurs paysages. Accompagner cette transformation, la rendre vivable, nécessite d'abord de réduire, puis de supprimer, la consommation d'énergies fossiles – donc de cesser de les subventionner* –, d'organiser leur décroissance et leur remplacement rationnel, d'éliminer les « passoires thermiques » (habitations et industries), d'adapter l'agriculture, l'urbanisme, les transports et le logement, les échanges et l'utilisation de

---

* Favorisés par une hausse des prix largement liée à la spéculation, les profits des sept plus grandes entreprises pétrolières ont doublé atteignant 215 milliards d'euros (Md€) en 2022, tandis que leurs émissions augmentaient de 1 %. Pour la France, les profits de TotalEnergies – en 2022 36 Md€ – sont en augmentation de 90 % par rapport à 2021. En dépit du *greenwashing* des discours, les investissements des quatre plus grandes banques françaises (BNP, Crédit agricole, Société générale, BPCE) dans les énergies fossiles totalisaient environ 300 Md€ entre 2016 et 2022 – presque l'équivalent du budget de l'Éducation nationale pendant la même période.

matériaux, le tout de manière juste, socialement et économiquement acceptable, efficace et en quelques décennies... La France est en retard sur presque toute l'Europe pour prendre à bras-le-corps ces transformations majeures. Il faut comprendre ce que signifie cette inertie. On constate que les détenteurs du pouvoir économique et politique n'acceptent des mesures que lorsqu'elles ne mettent pas en cause l'absolue domination du marché et du profit immédiat. Au détriment même de leurs propres enfants.

Tel est le défi à l'intérieur duquel se situe la « question nucléaire ». Le problème de notre survie dans le changement climatique ne se réduit pas à être pour ou contre les électrons des éoliennes ou du nucléaire civil. Même en France, le nucléaire n'occupe qu'une assez faible part du paysage énergétique global (17 % de la consommation finale), mais son caractère politique met en lumière les problèmes que nous devons affronter. Je me limiterai à certains d'entre eux : les aspects économiques revenant régulièrement dans les débats sont assez connus, et je n'y insisterai pas. En revanche, il me semble essentiel de rapporter des faits avérés, souvent ignorés ou occultés, mais déterminants concernant la technologie et l'avenir des centrales nucléaires. Ils affectent radicalement la crédibilité du projet de « nouveau nucléaire » présenté à la hâte à Belfort. La dose d'impréparation qui semble avoir présidé à ce programme interroge. Reprendre pied dans la réalité, répondre à cette interrogation, est mon ambition.

La question est claire : comment réduire à zéro notre bilan d'émission de gaz à effet de serre d'ici 2050 ? Comment le réduire de moitié d'ici 2035 ? Il est vrai qu'un réacteur nucléaire a l'avantage d'émettre très peu de GES. Vrai également qu'il peut fonctionner nuit et jour. Augmenter rapidement la part de l'énergie électrique (nucléaire ou renouvelable) sera, en effet, un moyen de gagner en efficacité et de réduire les émissions. Mais le nucléaire, long à mettre au point, lourd en infrastructures, coûteux à construire, à entretenir et à modifier en raison de la densité d'énergie et des protections nécessaires, peut-il connaître un essor assez rapide pour contribuer à répondre au défi ? Est-ce le moyen le plus efficace ? Sera-t-il adapté à l'évolution sociale qui accompagnera le changement climatique ? Ces questions n'ont jamais véritablement fait l'objet d'un débat citoyen[7]. Elles n'ont pas non plus été prises en charge par les gouvernements successifs, alors que nous nous retrouvons aujourd'hui avec un corps de compétences dépeuplé et des centrales nucléaires vieillissantes dont la prolongation interroge. Envers et contre les discours qui la nient ou la minimisent, la filière vit une crise profonde, technique et économique, dont les éléments apparaissent désormais au quotidien en France. Le développement industriel des renouvelables a été largement entravé chez nous (la France est au seizième rang en Europe) au prétexte de l'existence du nucléaire. Cette absence de prévision et d'action préalable fait poser une question existentielle au cœur de ce livre : d'où viendra, dans les prochaines décennies, la provision adéquate d'énergie, adaptée à nos usages ? Elle est inséparable de la manière d'affronter les changements écologiques et sociaux dont nous vivons déjà les atteintes.

Je ne propose donc pas un plaidoyer. Je tenterai de fournir une information exacte, ce qui ne signifie pas rester dans le tiède ou l'indifférent. Un ensemble de constats peut conduire à des jugements, et je ne cache pas mon indignation à l'égard de discours et de décisions, présidentiels ou autres, sans rapport avec la réalité des moyens, des gens et des risques. Tant mieux si ce livre suscite contradiction et débats. La bonne foi et la reconnaissance de désaccords font vivre la démocratie, pas question ici de s'en priver.

CHAPITRE 1

Une crise prévisible

« Transmutation des éléments, puissance sans limites... nos enfants jouiront chez eux d'une énergie électrique si bon marché qu'elle ne méritera même pas d'être facturée, les famines auront disparu et on voyagera partout sans effort[8]... » Ainsi s'exprimait, dans une rencontre radiodiffusée avec la presse, le dirigeant de la Commission de l'énergie atomique américaine (AEC), en 1954, alors que l'électronucléaire n'était encore qu'idées et hypothèses. Étrange conjugaison de cauchemar et de rêve : né de la bombe atomique, le nucléaire est devenu emblème du Progrès dès le lendemain d'Hiroshima[9]. Progrès du mal, la bombe atomique ; promesse lointaine du bien, annoncée dès 1945 : « l'énergie nucléaire civile » va faciliter le travail humain. On présage un monde de cocagne, les magazines montrent un père de famille en blouse blanche manipulant un pseudo-réacteur nucléaire en forme de machine à laver, censé fournir l'énergie du foyer. Un ancêtre, déjà, du « petit réacteur plein de promesses » récemment rêvé par Emmanuel Macron. Car en 2022, et depuis trois quarts de siècle, le discours du nucléaire ne change guère. La réalité, elle, est plus inquiétante : une crise annoncée de longue date nous guette de tous côtés.

Un horizon ignoré

Les centrales actuelles de l'électronucléaire français ont été mises en service par tranches, construites deux par deux sur une période brève de six à huit ans, entre la fin des années 1970 et les années 1990. Les constructeurs évaluaient la durée de vie raisonnable d'un réacteur à quarante ans. Les deux tiers environ des centrales françaises auront donc atteint ou nettement dépassé cet âge en 2025 ; la préparation d'un relais en matière d'énergie électrique à partir des années 2010 était donc vue, dès le départ, comme une nécessité patente. Mises en garde et propositions diverses n'ont pas manqué de le souligner – ainsi en 1998, le Parlement constate que l'« absence de planification risque de conduire à une catastrophe industrielle[10] ». Elles se sont heurtées à l'inaction des pouvoirs, économique et politique, occupés depuis dix ans à participer aux manipulations industrielles et financières de la mondialisation. La France, qui avait connu la planification avec EDF-GDF, un service public de l'énergie très centralisé, subit le désengagement des années néolibérales. En témoigne la transformation progressive de l'outil intégré EDF en entreprise financière au prétexte que le pays pourrait ainsi mieux satisfaire son ambition internationale pour la filière. Pendant ces années, les défaillances du nucléaire mondial (accidents et incidents, coûts et durée de construction, problème des déchets), la reconnaissance

– enfin – du dérèglement climatique et la montée en puissance des renouvelables transforment le débat énergétique global. Dans le souci de préserver leur avenir à court terme, des États pauvres et des fonds de pension riches investissent dans les énergies fossiles, les renouvelables et – un peu – le nucléaire. En France, l'État a perdu l'initiative, une programmation énergétique est annoncée[11] mais lente à négocier avec des producteurs d'énergies fossiles plus que rétifs[12], soutenus par les banques[13]. La mise en place d'un programme de renouvelables est retardée, à la fois par les pétroliers et par l'industrie nucléaire et ses correspondants dans l'État. Le temps passe ; les réacteurs existants, leurs constructeurs et leurs gardiens avancent en âge. Des savoir-faire cruciaux disparaissent, le tissu des compétences se défait. Les déboires d'Areva et de l'EPR, le réacteur pressurisé européen, le désarroi face aux signes de vieillissement (jusqu'à trente-deux centrales à l'arrêt en février 2023, dont treize pour des travaux structurels de longue durée), constituent plus qu'un signal : un révélateur de fragilité.

EDF, de star technologique à casino

Cette fragilité a été construite dans les années 1980, à l'époque où les centrales nucléaires voyaient la fin de leur dernière tranche de construction – et donc la possibilité pour EDF soit de reconvertir, soit de réduire nettement son personnel. La première solution aurait pu conduire à un développement de travaux sur les renouvelables (comme en Allemagne ou en Scandinavie) ; la seconde permettait de développer l'activité financière… au prix d'une perte de compétence technique.

Après la période 1945-1970 d'expansions keynésiennes, les régressions thatchériennes et la mondialisation ont bouleversé les sociétés, leurs besoins énergétiques et leurs économies. En France, après 1983 et les privatisations successives, on assiste à la fois à l'épanouissement d'une forme de thésaurisation capitaliste traditionnelle qui fabrique des milliardaires, à une course aux profits favorisés par la délocalisation de la production industrielle et, surtout après la crise de 2008, à la financiarisation de la gestion des entreprises et des secteurs publics (notamment EDF, mais aussi la santé, l'éducation…). Le tout au prix d'inégalités croissantes : un rapport Oxfam de 2019 note qu'au niveau mondial 26 milliardaires ont une fortune cumulée équivalente à celle des 3,5 milliards les plus pauvres de la planète. La présence au ministère de l'Économie, puis à la présidence, d'Emmanuel Macron a coïncidé avec une accélération de cette course aux profits et un accroissement des inégalités. Pour ce qui touche au nucléaire, la gestion désastreuse et les investissements hasardeux d'EDF sont connus, les pertes de main-d'œuvre et de compétences, les aventures non maîtrisées d'Olkiluoto (Finlande), de Flamanville (France) et de Hinkley Point (Royaume-Uni) également (on se souvient de la démission retentissante du directeur financier d'EDF, Thomas Piquemal, en mars 2016, en protestation contre l'aventure britannique de l'entreprise) : l'approvisionnement électrique est désormais en danger. Il fallait d'urgence au pays la volonté politique et les outils industriels pour réaliser un redressement – faute de les avoir ou de les rassembler, le président n'a pas manqué d'affirmer son autorité.

Depuis ses origines le nucléaire incarne le « régalien », à la fois instrument et symbole de puissance. En France, les décisions en la matière sont prises au sommet par un réseau très restreint d'acteurs ; les critères technologiques interviennent peu, et les impacts sociaux pas du tout. L'absence de toute réflexion collective et de décision démocratique concernant le nucléaire est une tradition depuis 1958. C'est de puissance politique qu'il s'agit d'abord, et la puissance s'exerce en termes tant militaires que civils. Pendant que se multipliaient les fermetures et délocalisations d'usines, le nucléaire et l'armement ont vu, dans les années 1980, se rétrécir autour d'eux la politique économique du pays[14]. Les moyens pour entretenir le potentiel énergétique, la préparation d'une relève lors de la fin de vie des centrales anciennes sont sortis du champ de vision des gouvernements successifs. Le Parlement a pu s'en émouvoir, créant un Office d'évaluation des choix scientifiques et technologiques (OPECST) dès 1983, précisément à l'occasion d'une réflexion sur le nucléaire ; la Cour des comptes en a relevé périodiquement les conséquences. Rien n'y a fait. Le ministre puis président Macron a hérité de cette situation. Face à l'effondrement financier progressif d'EDF, il a oscillé pendant trois ou quatre années, repoussé les décisions et s'est montré imperméable aux avertissements techniques de l'Autorité de sûreté nucléaire (ASN). On comprend ses hésitations : au-delà des centrales nucléaires, il s'agissait d'arrêter une descente aux enfers du pays, et il ne savait que faire. La solution sera verbale.

Après des années d'hésitation mais sans débat ouvert au Parlement ou au public, Emmanuel Macron se livre donc à l'incantation ancienne[15] du futur nucléaire. Et, comme dans les contes de fées, il peint l'avenir en rose et ignore le passé. Le discours présidentiel occulte soixante-quinze ans d'histoire et un présent redoutable en matière de sûreté et d'approvisionnement. Il n'est pas le seul. Dans les pays nucléarisés, ce discours n'a pratiquement jamais varié pendant toutes ces années s'atténuant dans les périodes de crises – accidents, échecs de mise en œuvre ou revers financiers – sans jamais disparaître. Sa forme française récente a été baptisée « nouveau nucléaire[16] ». On annonce plusieurs EPR grand format à l'horizon, accompagnés d'une première cohorte de réacteurs agiles car petits. Ces derniers, dont la conception date en fait des années 1944-1946, seraient désormais « modulaires » et soudain sûrs, efficaces, résolvant les problèmes à faible coût et dans les délais. C'est *Blanche-Neige et les Sept Nains*. Un président désemparé par la crise énergétique offre un conte défraîchi, mais les auditeurs ont-ils le moyen de savoir en quoi consisterait la nouveauté, voire tout bonnement la faisabilité, d'un tel programme ?

Indépendance ou soumission ?

Quelques mois après ce discours, la Commission nationale du débat public (CNDP) était saisie par EDF afin d'organiser un débat sur le programme de nouveaux réacteurs et, à travers lui, sur l'avenir du nucléaire en France. Ce débat était en cours lorsque fut soudain annoncé sans préavis que le président avait tenu (le 3 février 2023) un Conseil de politique nucléaire décisionnel, qui le rendait donc superflu. De plus on apprenait quelques jours plus tard (le 8), par un bref communiqué de ministère, la suppression de l'Institut de radioprotection et de sûreté nucléaire (IRSN) chargé d'expertise et de recherche, et rendant compte à l'Autorité de sûreté nucléaire, l'autorité de régulation. Les équipes chargées d'expertiser les réacteurs existants ou à venir seraient intégrées dans l'ASN afin de « fluidifier les processus d'examen » (c'est-à-dire les accélérer). Personne, à commencer par les 1 700 ingénieurs, techniciens et administratifs concernés, n'était informé. Il n'y avait eu ni expertise, ni commission, ni débat parlementaire. La décision avait tout d'un trait de plume administratif, sans rapport avec la réalité. Les réacteurs, avec ou sans fissures, corrodés ou non, préparés ou non aux visites de contrôle, attendraient la suite[17].

L'ASN est indépendante et souveraine pour décider, voire imposer *in fine* les dispositions à prendre pour garantir le bon fonctionnement du parc nucléaire. Son avis s'impose à EDF et aux autres entreprises comme, en principe, au gouvernement dont elle est l'interlocuteur privilégié. L'IRSN, dépendant du ministère de l'Environnement, fut créé par une loi en 2001 précisément pour effectuer une évaluation technique, des expertises détaillées et des recherches indépendantes des industriels (EDF, Areva-Orano, Framatome, etc.) et du Commissariat à l'énergie atomique et aux énergies alternatives (CEA) ; il évalue aussi des propositions de travaux. Sa mission implique des études exhaustives et critiques des événements en cours sur le parc EDF (origine, évolution, impact à brève et longue échéance d'incidents ou accidents ; analyse de la maintenance) et, plus largement, des recherches exigeant un regard attentif sur la filière dans son ensemble, en France et à l'étranger. Dans cette configuration, où tout n'était sans doute pas parfait sur un sujet aussi sensible aux enjeux politiques et économiques[18], la séparation assez complète de l'expertise (IRSN) et de la préparation des décisions (ASN) constituait enfin un acquis précieux après quarante années et bien des controverses et débats nourris au Parlement, notamment après l'accident de Tchernobyl. C'est cette séparation, garantie de l'indépendance de jugement, qui serait mise en cause de manière abrupte. Les gouvernants bouleversent l'ordonnancement IRSN-ASN en espérant sans doute que le nouveau programme nucléaire en sera accéléré par réduction des processus de contrôle et d'analyse. Vu par un gestionnaire sans compétences techniques, c'est bien un simple trait de plume ; dans le monde réel, où il faut entre 500 et environ 3 000 personnes pendant une année ou davantage pour vérifier la capacité d'un réacteur à tenir dix années supplémentaires, c'est tuer le messager pour ne pas voir le message. On peut aussi chercher une raison plus profonde à cette mesure prise sans préparation, consultation ou rapport. Elle traduisait un aveuglement délibéré, qui dépasse le nucléaire et engage les questions de santé, de pollutions chimiques et biologiques.

Que signifie l'indépendance de l'expertise ? Pourquoi est-elle si précieuse ? C'est le rapport à la vérité qui est en jeu. S'approcher au plus près de celle-ci est le rôle de l'IRSN comme de tout organisme de recherche, fondamentale ou technologique. Intégrer un organisme d'expertise dans les organes de décision, c'est le soumettre au quotidien à l'arbitrage entre ce qui est vrai et ce qui est souhaité par l'autorité ou le commanditaire. Avec les conséquences qu'on imagine en matière de sûreté, mais pas seulement. Cette question touche en effet à trois cercles concentriques des rapports sociaux : savoir, croire et avoir confiance. « Savoir » est le résultat du travail d'expertise, rendre compte d'une vérité jamais parfaite mais aussi fine, précise, complète que possible. « Croire », c'est soumettre le travail de recherche à la critique interne, la contre-expertise, fournir ses preuves aux collègues, scientifiques et ingénieurs concernés, les convaincre : un travail commun qui permet d'approcher davantage la vérité. « Avoir confiance », enfin, est crucial : c'est aller vers les « non-experts » avec des arguments convaincants – ses acquis et ses doutes. Ces non-experts ne sont pas des ignorants à convertir. Ils sont, en quelque sorte, des « experts de leur vie », ils ont une capacité de jugement à partir de leurs propres expérience et manière de penser[19]. Ils affrontent au quotidien, eux aussi, le nouveau et l'étranger dans leur métier et ailleurs. Il s'agit de leur donner confiance en ce qui leur est proposé par les experts scientifiques et techniques. C'est un dialogue critique entre citoyens égaux, permis par l'indépendance de l'expertise. L'enjeu d'une démocratie est de porter cet échange au plus près des réalités, dans les groupes, les organisations, les parlements – voire dans les instances gouvernementales – en préparant intelligemment la face hiérarchique des décisions. À l'encontre de la verticalité au front de taureau, recherche de vérité et démocratie font bon ménage.

CHAPITRE 2

L'énergie, de quoi parle-t-on ?

L'énergie sert à faire société. Depuis les hordes rassemblées autour des feux paléolithiques, l'énergie, ou plus exactement sa transformation, est à la source de toutes les activités humaines, collectives ou individuelles, choisies ou subies. La manière de l'utiliser est d'abord un facteur d'organisation sociale et politique, avant même d'être une question scientifique et technique. Cela vaut aussi pour le nucléaire, qu'il soit militaire ou civil, à la différence près que son caractère politique est encore plus accentué. Ce constat est le fondement de ce qui va suivre.

L'énergie n'est pas seulement « notre avenir », elle est un moteur de nos vies à chaque instant. C'est donc un facteur social autant, voire davantage, qu'une affaire de technologie. La cueillette de bois de chauffage ou de cuisine, qui demeure la source d'énergie presque unique pour 2,5 milliards de personnes dans le monde (le tiers de la population), dépend de la possibilité d'accès à la forêt – donc de qui la possède, l'entretient et la gère. Les questions de possession, de pouvoir et de transmission se retrouvent évidemment aux stades plus élaborés de la propriété, collective ou capitaliste. Qu'on songe à la manière, entre cow-boy et gangster, dont ont été lancées et développées l'extraction et l'industrie pétrolière, gazière, minière ; à l'appropriation sauvage, le plus souvent guerrière et colonialiste, des terrains et sous-sols (États-Unis, Caucase, Golfe, Afrique...). Les industries de l'énergie sont depuis des décennies au cœur des transformations du capitalisme qui nous entraîne vers le monde de plus en plus inégalitaire, pollué et conflictuel que nous connaissons aujourd'hui. Une évolution délétère symbolisée par les projets d'extraction pétrolière et gazière en Afrique ou dans l'Arctique au moment même où les émissions de gaz à effet de serre atteignent le seuil d'un changement climatique radical.

S'il existe un enjeu dominant, digne de soin et de contrôle par tous, c'est donc bien la maîtrise de l'énergie. Elle est une nécessité vitale comme l'air et l'eau : l'origine des ressources (fossile, renouvelable, nucléaire), la manière de les extraire, les gérer, maîtriser les émissions... chaque pas devrait être l'affaire de tous les citoyens. Contrôle par tous dans l'intérêt de tous – un bien commun et un service public, en somme. On en est loin[20], alors que les banques françaises ont investi entre 2016 et 2021 quelque 300 milliards d'euros dans les énergies fossiles. Celles-ci constituent par ailleurs 80 % de l'énergie utilisée dans le monde, et émettent environ deux tiers des GES. Elles favorisent ainsi le développement des industries extractrices[21] qui infligent et accentuent les pires dégradations à la planète, comme TotalEnergies, qui met en place l'immense projet écocide EACOP, destiné à extraire et transporter 200 000 barils de pétrole par jour sur 1 000 kilomètres dans l'Est africain, en détruisant les forêts primaires. Les banques imposent aussi sur des « marchés de l'énergie » factices des prix artificiels, dans un jeu de flambeurs au casino sans rapport aucun avec les coûts réels. C'est l'un des domaines où les pires inégalités s'aggravent encore, créées par un système dont le seul horizon est le profit à court terme. Accumulation privatisée contre service public : l'énergie est bien une réalité et un enjeu social.

Énergie et énergies

Il existe dans la nature différentes forces, ni bonnes ni mauvaises, qui agissent chacune à son échelle ; la force nucléaire est l'une d'elles. La force attractive de gravitation nous assure Lune et marées, et nous garde les pieds sur terre. La force électromagnétique, qui définit pour l'essentiel les liaisons entre atomes et molécules, est notre source de vie, à la base de la chimie comme d'une grande part de la physique. Faire brûler des bûches d'arbres pour se chauffer, c'est casser des liaisons chimiques du bois qui le constituent ; de même pour le charbon ou le pétrole. Ce qui change d'un matériau à l'autre est la concentration d'énergie (faible dans le bois, très élevée dans le pétrole), et non sa nature. Consommation de pétrole et gaz, croissance des plantes, digestion d'aliments : c'est un jeu complexe de molécules brisées, formées ou modifiées, d'énergie transformée, et nous en vivons à chaque instant. Ces mêmes forces créent les champs électriques et magnétiques, qui interviennent dans nos ordinateurs ou smartphones dont les logiciels plus ou moins admirables n'existent que grâce à l'énergie qui les alimente.

La « force nucléaire », elle, s'exerce à l'intérieur des noyaux atomiques – elle est toujours présente, puisque c'est elle qui construit les éléments chimiques, de l'hydrogène à l'uranium et au-delà. Elle ne se manifeste spontanément que dans certaines circonstances, comme carburant du Soleil et des étoiles ou par la radioactivité naturelle. Mais elle régit les propriétés physiques des noyaux d'atomes dont l'univers entier et nous-mêmes sommes faits, nous autres « poussières d'étoiles ». Cachée sous les effets des autres forces avec lesquelles nous interagissons plus facilement, elle tient les constituants du noyau – protons et neutrons – ensemble. Casser les noyaux les plus lourds, provoquer leur « fission » est difficile, mais libère une énergie formidable – près de 200 millions de fois l'énergie d'une liaison chimique. Comme elle a maîtrisé le feu et ainsi transformé l'énergie chimique voici un million d'années, et comme elle l'a fait avec le pétrole dans la seconde moitié du XIXe siècle, l'intervention humaine est parvenue en 1938 à créer les conditions pour provoquer des fissions nucléaires en série – la fameuse « réaction en chaîne » –, libérant une énorme énergie concentrée dans un très faible volume.

Poser la question « Le nucléaire, pour ou contre ? » n'a donc, tel quel, aucun sens : cette force existe. L'idée d'utiliser une force nouvellement découverte est conforme au comportement des sociétés humaines : dans l'idéal, on recherche, on comprend, on tente de maîtriser intelligemment, on utilise au mieux… Mais il ne suffit pas d'avoir accès à une source d'énergie, encore faut-il qu'elle soit adaptée à l'usage qu'on souhaite en faire. Le degré de concentration de l'énergie, la vitesse à laquelle elle est transformée et le rendement possible sont aussi importants que l'énergie totale, si on veut l'utiliser de façon contrôlée. Un exemple : l'énergie émise en brûlant 100 grammes d'essence est quinze fois supérieure à celle obtenue en faisant exploser un bâton de 100 grammes de dynamite ; l'efficacité de ce dernier est liée à sa détonation, c'est-à-dire à la vitesse à laquelle l'énergie est relâchée – on ne se chauffe pas à la dynamite.

Pour évaluer l'efficacité écologique et la rationalité des transformations d'énergie, on compare la quantité d'énergie effectivement disponible pour l'utilisateur à l'énergie totale qu'il a fallu mettre en œuvre pour l'obtenir. La physique seule ne suffit pas à choisir. Il faut faire intervenir à la fois des rendements physiques et des choix humains tels que coût économique du travail, de la production et, pour un réacteur nucléaire par exemple, l'inclusion ou non de l'extraction minière, de l'usine de préparation du combustible, du traitement et du stockage, du démantèlement, voire des risques. Le « coût » dépend de la manière dont on tient compte (ou non) de chaque facteur, et doit donc être défini avec soin… ce qui est loin d'être le cas. On voit ainsi l'impact potentiel, et le caractère assez politique de cette comptabilité.

Énergie, pouvoir, angoisse

La physique détermine les propriétés de l'énergie, mais ses transformations dépendent de son usage social. Celui-ci a conduit au choix d'un mode centralisé, adapté à l'industrie et à la gestion de grandes villes : dans ce cas, l'utilisation d'une forme d'énergie très concentrée (pétrole, voire nucléaire) était une réponse. À l'inverse, lorsque l'énergie est au service d'un usage local ou individuel, la densité d'énergie nécessaire est plus faible : les renouvelables (bois, vent, moulins) y sont mieux adapté et moins polluant. Les progrès en matière d'efficacité et de récolte d'énergie solaire et éolienne, combinés avec des capacités nouvelles pour gérer le réseau électrique, transforment progressivement le paysage énergétique, en permettant de prendre en compte la réduction indispensable des GES. Il est clair que, au-delà de problèmes techniques plus ou moins complexes, les choix énergétiques – pas forcément uniques – sont liés aux choix de modes de vie et de production, d'économies à plus ou moins long terme pour les transports, l'urbanisme ou les dépenses de santé, etc. Les aspects techniques sont indissociables des modes de vie et des choix sociaux, politiques, des rapports de force économiques – de tout ce qui, comme le climat, rend la vie possible. Autre caractéristique de ce lien, le poids excessif de l'histoire dans la mise en œuvre. La spécificité de la fission nucléaire, sa formidable concentration énergétique et la radioactivité induite ne sont pas utilisées directement. C'est la chaleur totale produite qui sert à chauffer l'eau : le réacteur devient une gigantesque bouilloire, dont la vapeur fait fonctionner la turbine produisant l'électricité, mais avec un rendement qui ne dépasse guère celui d'une locomotive. Par comparaison, un barrage dont l'eau fait tourner la turbine produit directement l'électricité, avec un rendement près de trois fois plus élevé.

Si nous avons toujours considéré l'énergie nucléaire comme une énergie radicalement différente des autres, ce n'est donc nullement pour une raison purement physique.

L'énergie nucléaire est extraordinaire parce que sa mention fait émerger, depuis la découverte plus que centenaire d'une matière qui rayonne, ce qui nous agite au plus profond : la puissance, la peur, la possession, le désir de mort ou de vie éternelle. C'est de nous qu'il s'agit, de notre perception et de nos usages. Cela passe par d'étonnants retours : la référence à l'alchimie dès la découverte du radium, à l'apocalypse avec la bombe, et aussi – implicitement – au mouvement perpétuel avec les réacteurs à « surgénération » dont il sera question plus loin. Dans le contexte de la vie collective depuis Hiroshima, ces éléments primitifs affleurent sans cesse, et on a souvent insisté sur leur rôle dans les débats concernant le nucléaire, par exemple en opposant les experts « rationnels » au public ignorant chargé d'« émotions »[22]. Tout(e) rationaliste devrait cependant reconnaître que les affects existent objectivement, et sont performants – même avec des impacts immenses : qu'on songe aux péripéties de la guerre froide. Par expérience directe comme par étude, nous savons qu'ils ont toujours motivé la politique, la stratégie, le pouvoir économique ; avec le nucléaire militaire et civil, ils sont devenus acteurs, visibles au premier plan dans bien des rapports de pouvoir. Peut-être qu'un président sensible à l'Histoire ne me démentirait pas.

CHAPITRE 3

Le nucléaire, toute une Histoire

L'histoire de la fission est d'abord une tumultueuse aventure scientifique impliquant quelques individus. Puis un enchaînement tragique où la guerre mondiale d'abord puis la guerre dite « froide », ont façonné tant les bombes que la production d'électricité*. Rappeler brièvement cette histoire permet de rendre compte de son caractère à la fois technoscientifique, économique et social, de montrer combien ces trois aspects sont inséparables et comment le premier a été déterminé par les deux autres.

Tout a commencé par une compétition entre chercheurs. Entre 1934 et 1938, les meilleurs scientifiques expérimentateurs du XXe siècle – Fermi à Rome, les Joliot-Curie à Paris, Hahn et Meitner à Berlin, Tuve à Washington – ont réussi à provoquer la fission des noyaux d'uranium, sans pour autant l'identifier : elle allait à l'encontre de leurs préjugés

* Noter qu'il s'agit d'une situation historique originale. On faisait souvent jusque-là des guerres pour la ressource énergétique (pétrole, gaz, charbon) ; avec le nucléaire, c'est au contraire la guerre qui « fabrique » et oriente le destin de la ressource nucléaire, tant militaire que civile.

théoriques. Fin décembre 1938, Hahn et Strassmann sont confrontés à une preuve irréfutable de son existence. On ne voit pas ce qu'on n'est pas préparé à voir ; il faut, pour reconnaître la réalité, être prêt à réfléchir autrement. Ce sera l'œuvre de Meitner et Frisch.

Une formidable avancée scientifique dans le désespoir absolu. Six mois auparavant, Lise Meitner avait dû fuir Berlin parce que juive, quelques heures avant son arrestation programmée par les nazis. Elle s'est réfugiée en Suède, où une lettre de Hahn lui décrit les preuves de la fission et son désarroi quant à l'explication. Exilé au Danemark, Otto Frisch, lui-même physicien, rend visite à Meitner. L'anecdote est célèbre : c'est au cours d'une randonnée dans la forêt enneigée, le 31 décembre 1938, que les deux réfugiés interprètent les résultats de Hahn. Un neutron, pénétrant dans le noyau d'uranium, lui fournit l'énergie qui le déstabilise ; le noyau se comporte alors comme une goutte d'eau sur une plaque chauffée et se divise en deux parties à peu près égales. Cette hypothèse si simple rend compte de la fission nucléaire. L'Académie de Suède donnera plus tard son prix Nobel à Hahn, puis à Frisch. La contribution majeure de Lise Meitner est occultée malgré le soutien d'Einstein. Une femme, juive de surcroît, c'était trop demander.

La nouvelle de la découverte s'ébruite dès janvier 1939 en Europe, au Japon et aux États-Unis alors que rôde la guerre. Les physiciens comprennent d'emblée que chaque fission ne se contente pas de « casser en deux » le noyau d'uranium, mais peut aussi conduire à l'émission de neutrons induisant à leur tour de nouvelles fissions – c'est la « réaction en chaîne » –, libérant une énergie formidable.

Ils comprennent aussi que si elle a lieu au cœur du matériau adéquat – ce sera d'abord l'isotope 235 de l'uranium* – la séquence exponentielle peut se dérouler à une vitesse phénoménale. Provoquez la réaction en chaîne avec quelques kilogrammes d'uranium 235 pur, elle se déroule en moins d'un millionième de seconde, et c'est la bombe atomique. La guerre est proche, tous y pensent, se demandent s'il est possible de la fabriquer.

En 1939, on en est encore à agiter des idées. On propose d'isoler l'isotope uranium 235 (U-235) à partir de l'uranium naturel. Il est rare, c'est une opération gigantesque. En décembre 1940, une équipe américaine découvre le plutonium, plus fissile encore que l'U-235, et une alternative apparaît. Elle consiste à réaliser la synthèse de plutonium 239 (Pu-239) à partir de l'isotope U-238, très abondant (99,3 %) dans l'uranium naturel. S'il n'est pas lui-même fissile, cet isotope 238 peut absorber un neutron et par une série de transmutations devenir le Pu-239. L'idée est donc d'irradier l'uranium naturel avec des neutrons dans un dispositif spécialement conçu pour contrôler la réaction, puis d'extraire le plutonium. Ce sera le « réacteur nucléaire ». Reste à contrôler la réaction en chaîne dans le réacteur, en limitant la fraction des neutrons et des noyaux fissiles concernée à chaque instant. La radioactivité et l'énergie de fission, intenses, finiront

* Comme la plupart des éléments, l'uranium comporte plusieurs « isotopes » dont le nombre de protons (qui détermine les propriétés chimiques) est identique, mais qui diffèrent par le nombre de neutrons. L'isotope 235 de l'uranium (qui ne représente que 0,7 % de sa masse totale) subit la fission lorsqu'il absorbe un neutron lent.

au moins par produire une formidable quantité de chaleur transformable, un jour, en énergie utilisable. Mais en 1939, trois ans avant la première fission contrôlée, les perspectives sont fort incertaines et aucune faisabilité n'est démontrée.

Pour les lecteurs de la presse, il en va autrement. Des physiciens ont rêvé à haute voix de production énergétique nucléaire devant des journalistes qui, fascinés, ont transformé les hypothèses en affirmations. Alors que rien n'existe encore, des journaux titrent déjà sur une « énergie atomique », arme absolue de destruction et source d'énergie capable de tout faire. Il est vrai que bombe ou réacteur, c'est le même processus de fission et de réaction en chaîne – tout est dans la maîtrise du temps, du rythme de cette réaction. Ce rapprochement entre bombe et réacteur nucléaire ne s'effacera jamais de l'esprit du public.

Dans un réacteur nucléaire, après avoir rassemblé assez d'uranium pour que la densité de neutrons émis entretienne la réaction en chaîne, le défi majeur est de contrôler, à la fraction de seconde près, à tout instant, l'intensité et la vitesse de propagation de la réaction. Avec une telle concentration de puissance à maîtriser et une telle émission de produits radioactifs associée, c'est jouer sur le fil du rasoir. En 1939-1940, l'équipe Joliot à Paris est en tête pour réaliser cette prouesse, au point de déposer des brevets. Mais l'invasion allemande conduit à l'interruption, puis à la mise au secret du travail, et au départ de l'équipe (sans son chef, qui deviendra un dirigeant de la Résistance) vers la Grande-Bretagne puis le Canada[23]. L'avenir du nucléaire en France sera fortement marqué par cet épisode. En décembre 1942 à Chicago, dans le plus grand secret, l'équipe de Fermi finalise le premier réacteur nucléaire fonctionnel, démontrant que le contrôle si délicat de la fission est possible, et indiquant comment produire le plutonium en quantité suffisante pour une arme nucléaire. On est en guerre, les chercheurs allemands travaillent sans doute dans la même direction, et cette crainte hâte la mise au point d'une bombe nucléaire (projet Manhattan), sous l'autorité de l'armée américaine. En 1944, il est établi que les Allemands ont échoué. Faut-il alors – et si oui, comment – utiliser cette force de la nature ? Le « comment faire » et le « pour quoi faire » seront débattus par les scientifiques en 1945, mais la décision ne sera pas entre leurs mains. Avec les 250 000 victimes d'Hiroshima et Nagasaki, le monde saura de quoi est capable la version instantanée de la réaction en chaîne.

Dessine-moi un réacteur

Pour faire une bombe, il faut donc assembler le matériau explosif. Il peut s'agir de U-235, d'abondance très faible – ce sera le cas de la bombe d'Hiroshima –, ou du Pu-239, absent dans la nature, dont la synthèse en grandes quantités se fera en irradiant U-238 par les neutrons dans un réacteur nucléaire* – qu'il faut donc avoir conçu au préalable.

---

* Dans les réacteurs dont il est question ici, les neutrons accompagnant la fission de U-235 lors de la réaction en chaîne irradient l'isotope abondant U-238 pour produire le Pu-239. Pour contrôler la réaction, on dispose des pastilles d'uranium suivant une géométrie précise qui favorise une répartition adéquate du flux neutronique. Des barres mobiles, placées

Plus facile à isoler chimiquement et à utiliser, le plutonium sera l'explosif de la plupart des bombes A ultérieures.

C'est donc pour réaliser la bombe au plutonium qui détruisit Nagasaki que sont développés les premiers grands réacteurs nucléaires, qui finiront par produire près de un kilo de plutonium 239 par jour. L'ensemble du processus est sans incertitude scientifique, mais il est techniquement délicat, dangereux et formidablement coûteux en énergie. En faisant fonctionner ces réacteurs, les scientifiques et ingénieurs du projet Manhattan, imaginatifs et habiles, découvrent qu'il y a bien des façons de contrôler la réaction en chaîne. Pensant à l'avenir, ils commencent à imaginer des réacteurs très différents qui seraient générateurs, et non consommateurs, d'énergie – des réacteurs spécifiques, plus ou moins compliqués, permettraient d'extraire l'énergie de différentes manières. Les idées fusent, on gribouille souvent des concepts sur la nappe de la cantine. On discute de la faisabilité, on n'en est pas à envisager la sûreté. On est en guerre et les urgences sont ailleurs. En 1944, la situation s'éclaircit. Les réacteurs plutonigènes fournissent aux constructeurs de la bombe, à Los Alamos, les quantités dont ils ont besoin. À Chicago, les concepteurs des premiers réacteurs sont plus libres de se consacrer à l'étude de

---

en différents endroits, contiennent un matériau absorbant les neutrons. Leur entrée dans le réacteur ou leur retrait permet un contrôle fin. La sûreté du réacteur dépend de façon critique du bon fonctionnement simultané de tous ces éléments. Une fois maîtrisées les séquences de réactions en chaîne, et assemblés les éléments de contrôle, il reste à retirer périodiquement une partie des pastilles d'uranium pour en extraire le plutonium avant séparation chimique et transformation sous forme métallique.

systèmes capables de fournir l'énergie sous forme motrice, ou transformable en électricité. « Nous étions comme des gamins dans une fabrique de jouets », écrira Alvin Weinberg[24], le plus illustre d'entre eux. En deux ou trois ans, ils inventent une remarquable palette de réacteurs nucléaires possibles. Ils croient avoir un long avenir de recherche devant eux ; des décennies pour développer d'autres concepts, et trouver d'autres matériaux fissiles. Du temps aussi pour maîtriser cette réaction en chaîne si délicate, pour être capables de jouer avec ce fil du rasoir afin d'extraire au mieux l'énergie thermique, mécanique, électrique de façon contrôlée et régulière. Ils conçoivent des dispositifs expérimentaux de laboratoire de petite taille. À cette échelle et dans ces conditions, ces machines sont gérées par ceux qui les ont conçues, les questions de sûreté ne se posent guère – pour ça, on verra plus tard. Vers 1953, on en est à la mise en œuvre effective de dix-neuf démonstrateurs, tous différents et tous imaginés entre 1944 et 1946. Il y a des réacteurs à taux d'enrichissement en uranium fort ou faible, avec le matériau fissile dans des gaines ou sous forme de boulets, avec des liquides ou des gaz de refroidissement variés ; des structures, des températures de fonctionnement et des puissances très différentes ; des réacteurs à neutrons rapides ou lents, et même des « surgénérateurs » censés produire davantage de matériaux fissiles qu'ils n'en consomment. Il y a aussi des réacteurs où le matériau fissile et le milieu ralentisseur de neutrons, nécessaire pour accroître la probabilité de fission, sont mélangés de façon homogène sous forme liquide, par exemple un sel d'uranium ou de thorium fondu. Personne ne pense alors que ce système aurait l'avantage d'être intrinsèquement sûr :

le risque de fusion du cœur – le plus grand danger pour un réacteur en fonctionnement, celui qui a détruit Tchernobyl et Fukushima – serait éliminé. Avec les moyens et matériaux disponibles à l'époque, les avantages et limites de chacun de ces concepts ne sont pas optimisés. Les prototypes sont de petite taille et de puissance faible ou nulle, puisqu'il s'agit uniquement de déterminer en laboratoire leur faisabilité et leurs propriétés de fonctionnement. Mais chacun de ces réacteurs expérimentaux fonctionnera effectivement pendant des mois, certains des années, voire jusqu'à deux décennies.

On ignore trop que, sur le front de la recherche scientifique et technique proprement dite, *on n'a inventé aucun « nouveau nucléaire » depuis soixante-dix ans*. Peaufiner la structure et les matériaux, améliorer l'efficacité des transferts d'énergie, améliorer la sûreté – oui, les réacteurs ont évolué dans le détail sur de nombreux points importants, avec pour conséquence une réduction des incidents. Mais aucun concept nouveau n'a été inventé. On imaginait à l'époque poursuivre longtemps les recherches afin de déterminer lesquels des modèles déjà testés auraient un fonctionnement plus stable, seraient moins délicats à conduire, moins susceptibles de dégager une radioactivité dangereuse, plus simples à construire. Ces recherches diversifiées, tâtonnantes et indispensables, furent brutalement interrompues (on verra plus loin comment) en 1953, au bénéfice d'un type quasi unique de réacteur.

Et voilà que soixante-dix ans plus tard, ce sont ces mêmes concepts qu'on reprend pour les « petits réacteurs modulaires » (SMR, voir chapitre 5) avec, cette fois, davantage d'égards pour la sûreté mise au premier rang, en partant des anciens bébés réacteurs et en augmentant à des degrés divers leur taille et leur puissance. Ce n'est guère une révolution, sauf en paroles. Des développements de ce type sont en cours depuis 2010, à petite vitesse, jusqu'à l'envolée de la campagne enthousiaste à laquelle nous assistons depuis environ deux ans.

J'ai dit que dans les essais des années 1950 la sûreté n'était tout bonnement pas un sujet. Les concepteurs eux-mêmes manœuvraient les dispositifs pour rechercher les conditions de fonctionnement, chaque élément étant contrôlé au plus près. C'était un travail de défrichage en laboratoire. La production industrielle d'électricité est une tout autre affaire. Une fois les conditions de fonctionnement cernées, leur reproductibilité parfaite est indispensable sur de longues durées. Il aura fallu deux décennies et les premiers accidents graves de réacteurs pour se rendre compte que la sûreté en régime de production ne peut pas venir s'ajouter *a posteriori*, comme une dernière roue du carrosse nucléaire, et qu'un développement à but industriel aurait dû la faire figurer à la base de la conception initiale. Il existe un seul modèle de réacteur (nommé TRIGA) pensé à partir de la sûreté, cette dernière étant assurée par des systèmes passifs sans intervention extérieure. Selon ses concepteurs, ce réacteur de faible puissance (environ 250 kW) devait « pouvoir être laissé entre les mains d'une enfant de 5 ans ». Conçu en quelques mois au cours de l'année 1956 par un groupe de physiciens (entre autres Edward Teller et Freeman Dyson), ce fut un remarquable succès : soixante-quinze exemplaires ont été vendus pour la recherche et la production d'isotopes médicaux. Mais il n'était pas conçu pour être électrogène[25].

Est-il possible ou non de gérer un réacteur nucléaire comme un dispositif industriel classique ? La question hante l'électronucléaire depuis ses origines. À chaque incident ou accident, c'est l'intervention humaine qui s'est révélée déterminante, et non les automatismes ou procédures des manuels. L'imprévu était la règle, tant pour l'origine que pour la gestion de l'accident. Cette situation est due aux propriétés physiques de l'énergie nucléaire. Son extrême densité d'énergie et l'extrême sensibilité de la réaction en chaîne à tous les paramètres qui affectent la multiplication des neutrons ont des impacts plus complexes que la conduite d'un avion ou d'un système industriel classique. On n'a toujours pas mis en œuvre un modèle de réacteur électrogène qui gère de manière parfaite ce problème essentiel. On ne peut donc pas affirmer que la technologie des réacteurs a atteint sa maturité industrielle. En 1949, un groupe des meilleurs experts (dont Oppenheimer et Fermi) constitué par la Commission de l'énergie atomique américaine (AEC) soulignait explicitement qu'il faudrait au moins une vingtaine d'années de recherches technologiques (et des soutiens financiers considérables) pour déterminer si la production industrielle d'énergie nucléaire était ou non possible ; et, si oui, pour fixer le choix du ou des meilleurs réacteurs électrogènes ; enfin, pour évaluer la viabilité économique. Ces vingt années de recherche manquent toujours.

En d'autres circonstances, sans guerre froide, l'évaluation et la mise en œuvre éventuelle de la production nucléaire auraient pu être rationnelles. Après la Seconde Guerre mondiale, rien ne semblait presser. Le charbon, le pétrole, la révolution de la chimie et bientôt le gaz naturel paraissaient garantir l'avenir énergétique pour longtemps, et on ignorait les dangers des gaz à effet de serre. Dans ce monde-là, on aurait pris le temps d'explorer davantage les technologies et l'impact de la radioactivité sur les conditions d'exploitation, l'existence de déchets et l'environnement. Peut-être aurait-on reconnu, vers 1975, ce que disaient les premières modélisations assez précises du changement climatique[26] induit par l'activité humaine, et aurait-on pris au sérieux les travaux sur les énergies renouvelables qui commençaient à se développer. Un monde en paix, sans prédateurs ni dictatures au milieu du XXe siècle, aurait-il mis les moyens pour bâtir un autre nucléaire, intrinsèquement sûr et plus efficace qu'une machine à vapeur classique ? Aurait-il démontré, au contraire, que cette voie était trop complexe, risquée, coûteuse, voire inadaptée au monde en devenir ? Ou peut-être aurait-il combiné nucléaire sûr et renouvelables, qui sait ?

La réalité fut très différente. Dès 1946, Enrico Fermi, qui le premier avait réussi le contrôle de la réaction en chaîne, faisait observer à propos de l'électronucléaire que, même en cas de succès d'un réacteur, « il n'est pas du tout certain que la population accepte une technologie aussi risquée produisant une radioactivité aussi féroce, et des risques de terrorisme[27] ». Paroles de prudence, guère entendues. Le président Eisenhower et la tension mondiale allaient en décider autrement.

Une naissance au forceps militaire

Aux États-Unis, en 1946, après et autour du projet Manhattan, un formidable dispositif industriel (électronique, optique, matériaux nouveaux...) se bâtit autour des recherches de laboratoires nationaux et de laboratoires industriels initialement consacrés aux armes nouvelles. L'industrie nucléaire n'en est pas la partie la plus créatrice, mais elle est fortement soutenue par le gouvernement et le Congrès. Car si les perspectives du nucléaire pacifique restent présentes dans les discours et les bandes dessinées, c'est le lancement du programme massif d'armement nucléaire qui occupe le pouvoir et la Commission de l'énergie atomique nouvellement créée. Dans son Journal, David Lilienthal, président de l'AEC à l'époque, écrit :

> Le rôle de l'AEC en tant que gardien civil et surveillant d'armes nucléaires s'est évaporé. L'AEC fonctionne essentiellement comme concepteur, développeur, fabricant, et chargé d'essais pour ces armes... La raison d'une séparation nette entre rôle nucléaire civil et militaire s'est estompée, de sorte que le rôle spécifique de l'AEC a changé. L'AEC en tant que manipulateur d'arme est devenu un bras de l'établissement militaire, et ne sert plus que les besoins et les objectifs de celui-ci[28].

La guerre froide aidant, les militaires n'ont pas la patience des chercheurs. Dès 1946, la marine et l'armée américaine réclament chacune leurs « moteurs nucléaires » pour les sous-marins, les porte-avions, voire les avions. On commence par un sous-marin doté d'un moteur nucléaire, capable de rester immergé pendant des mois. Un capitaine, ingénieur au caractère trempé, Hyman Rickover, est responsable des opérations. Il choisit d'autorité, en 1951, un modèle de réacteur breveté dès 1946 : le plus simple et le plus robuste tant dans ses constituants que dans sa structure, et de taille assez adaptable. C'est le premier réacteur dit « à eau légère* » (*light water reactor*, LWR en anglais), dont il choisit la version à eau sous pression (REP, réacteur à eau pressurisée, en français), celui-là même que nous connaîtrons plus tard en France.

Un modèle en grandeur réelle est d'abord bâti à terre ; le sous-marin lui-même (*Nautilus*) sera terminé en 1954. Le choix est rationnel pour un sous-marin. L'eau est à la fois ralentisseur de neutrons et un transporteur calorique. Son utilisation pour transporter la chaleur s'appuie sur cent cinquante ans d'expérience avec des moteurs à vapeur : ici, elle est sous forte pression à 320 °C. Ce réacteur assez fruste est compact, sa simplicité est un atout, mais l'expérience manque quant à l'usure des matériaux. On lui imposera donc une durée de vie limitée à vingt, puis vingt-cinq ans – soit une limite d'âge habituelle dans le monde des sous-marins classiques. Fonctionnement et sûreté sont traités selon la discipline militaire : une surveillance au millimètre,

* Il s'agit d'eau ordinaire, par opposition à d'autres modèles fonctionnant avec de l'eau enrichie en isotope lourd de l'hydrogène (deutérium). Par souci de simplicité et de commodité, j'utiliserai uniquement dans la suite du texte l'abréviation LWR. Ce concept englobe deux variantes de réacteurs à eau légère : le réacteur à eau pressurisée (le plus fréquent) et le réacteur à eau bouillante.

couplée d'une extrême compétence des équipes, sans cesse vérifiée et tenue à jour. Rickover l'a compris et l'impose : ce sont le contrôle minutieux et constant et la compétence humaine qui garantissent la sûreté. Chacune des règles qu'il édicte, draconiennes (y compris la durée de vie des réacteurs), est restée dans la marine américaine qui n'a guère connu d'accident de sûreté proprement nucléaire[29]. Elles fourniront la matrice des premières règles de fonctionnement du nucléaire civil.

Le grand tournant

Le 8 décembre 1953 intervient le choc politique qui déterminera l'avenir de la filière nucléaire civile mondiale jusqu'à aujourd'hui. À l'assemblée générale des Nations unies, dans un célèbre discours dit « Atomes pour la paix », le président des États-Unis, Dwight (Ike) Eisenhower, offre d'aider tous les pays du monde à développer les applications pacifiques de l'énergie atomique, y compris en installant des centrales nucléaires électrogènes. Ce discours, prononcé au cœur de la guerre froide en réponse à une offensive de propagande pacifique soviétique, est essentiellement politique ; il marque un tournant, et aura de nombreuses conséquences stratégiques, notamment en favorisant la prolifération nucléaire dans le monde. Nombre de pays ayant des compétences scientifiques se mettent sur les rangs, au prétexte d'études fondamentales. Mais l'acquisition de réacteurs et d'uranium enrichi est surtout, pour l'Inde, le Pakistan, Israël et l'Afrique du Sud, par exemple, l'occasion de lancer des programmes nucléaires militaires. Le réacteur surgénérateur indien produisit le Pu nécessaire à l'explosion d'une bombe nucléaire de 10 kilotonnes (Bouddha souriant) dès 1974.

Mais la mise en œuvre de sa promesse clé rencontre une difficulté majeure : aucun réacteur nucléaire au monde ne permet de la réaliser. Il ne suffit pas d'avoir une formidable source de chaleur, encore faut-il surveiller la réaction en chaîne, transformer l'énergie émise en source d'électricité après transfert de chaleur et passage en turbine *via* un ensemble complexe de tuyauteries, robinets et vannes, automation et électronique. Le tout – production de chaleur et transformation en électricité –, contrôlé de façon sûre, doit garantir une protection contre les radiations. L'ensemble doit fonctionner dans un contexte technique et économique industriel déjà établi.

Pressé de lancer ses « atomes pacifiques » pour contrer la campagne pacifiste des Soviétiques, Eisenhower veut réaliser une centrale témoin au plus tôt. Le petit réacteur à eau pressurisée du sous-marin, parce qu'il est le plus facile à construire et le seul disponible, se verra promu à un grand destin par le hasard de la politique, hors de toute logique technologique.

La Commission de l'énergie atomique américaine fait dessiner un projet de ce réacteur dans lequel toutes les dimensions sont agrandies d'un facteur trois environ. C'est une version à laquelle les entreprises déjà compétentes en matière de technologies nucléaires pourront, pense l'AEC, rajouter des dispositifs de turbines classiques à vapeur et construire ainsi une centrale modèle. De quoi prendre une avance irrattrapable dans un futur marché international.

La proposition ne suscite d'enthousiasme ni chez les scientifiques ni chez les industriels. Tous sont convaincus qu'il manque de longues années d'exploration des concepts de base et des moyens techniques pour savoir si la production d'électricité par énergie nucléaire est tout simplement viable. Ils exigent prudemment que la prise en charge du démantèlement et l'assurance antiaccident ne soient pas à la charge du constructeur. Car ce dispositif n'est, contrairement à l'habitude du capitalisme américain, ni une invention issue du marché ni une réponse à une demande. Les questions posées par les déchets ou l'entreposage de combustible usé, autrefois oubliées, sont cette fois renvoyées aux prochaines générations. Créée en juillet 1957, l'Agence internationale de l'énergie atomique (AIEA) ne tiendra sa première réunion sur le démantèlement des réacteurs et le traitement de leurs déchets qu'en 1973[30]. Enfin, la pression politique ne pouvant à elle seule résoudre les problèmes techniques, tous les éléments d'une industrie immature sont déjà présents – retards et difficultés d'approvisionnement de matériaux adaptés, temps de construction allongés, solutions improvisées liées à une nouvelle technologie… On les retrouvera sans cesse.

Lorsque Eisenhower fait pression pour obtenir rapidement un réacteur électrogène, tous les acteurs savent que si le réacteur à eau pressurisée est le plus facile à construire, il n'est certainement pas le meilleur choix à long terme pour une centrale d'énergie : il faudrait plus de temps pour savoir quel concept de réacteur est le plus efficace et le plus résistant à l'usure. L'idée émerge lentement que la sûreté pourrait devenir un facteur important. Bref, pour les industriels, investir massivement dans la recherche et le développement d'une technologie aussi incertaine ne se justifie que si l'État apporte les finances et les garanties.

Ce sera le cas. La décision est imposée, l'État prend en charge les risques. Les raisons de la guerre froide l'emportent. C'est un moyen de pression d'ampleur mondiale qui est en jeu, et la certitude absolue que le nucléaire civil soutiendra le militaire et réciproquement, tant en ce qui concerne la technologie, les développements communs (usines de traitement du combustible, par exemple) que pour la formation des personnels. C'est ainsi que l'existence du nucléaire militaire stabilise celle du nucléaire civil au-delà de toutes les variations économiques et politiques, aussi bien aux États-Unis qu'au Royaume-Uni ou en France[31]. Peu après le discours d'Eisenhower à l'ONU, le conseiller scientifique du gouvernement israélien, satisfait, disait à un ami journaliste : « En développant l'énergie nucléaire civile, vous aurez choisi l'option nucléaire. Il n'existe pas deux énergies nucléaires[32]. » Contrairement à la France, les États-Unis notamment avaient toujours reconnu cette consanguinité nucléaire civil-militaire. Au Creusot, soixante-sept ans après le discours d'Eisenhower, Emmanuel Macron reconnaît enfin l'évidence.

CHAPITRE 4

Vie et destin du nucléaire existant

Il se trouve qu'en 1953 la marine américaine vient de mettre un terme, pour cause d'aberration technique, à un projet de LWR destiné à motoriser un porte-avions. Heureuse coïncidence, le cœur de ce réacteur avorté a déjà été construit, ses dimensions conviennent au nouveau projet. La première centrale nucléaire américaine sera donc fabriquée en quatre ans par les ingénieurs de la marine et l'industriel Westinghouse, avec la version surdimensionnée du réacteur LWR de sous-marin et un cœur de porte-avions, auxquels on adjoint de puissants tuyaux transmettant la vapeur sous haute pression à une turbine classique, elle-même raccordée au réseau électrique *via* ses transformateurs. Cet assemblage hétéroclite sans précédent, situé à Shippingport (Pennsylvanie), alimentera partiellement en électricité la ville de Pittsburgh à partir de 1958 et fonctionnera vingt-cinq ans. Ce sera la vitrine et la référence du LWR.

Ce choix hybride, baroque et risqué, fait du réacteur à eau pressurisée le réacteur modèle parmi les fournisseurs d'énergie américains et l'instrument d'apprentissage mondial. Pour le grand public, c'est l'emblème de l'énergie du futur. Les connaisseurs, notamment son inventeur Alvin Weinberg, ne verront jamais dans cet appareil et dans ses variantes que le précurseur d'un nucléaire efficace et sûr. Scientifique à la réputation d'expert infaillible et membre de la Commission de l'énergie atomique, John von Neumann affirmait devant le Congrès américain en 1955 qu'en dix ans d'efforts industriels à grande échelle les caractéristiques des réacteurs connaîtraient une évolution radicale. Il n'avait pas mesuré à quel point l'épisode politique de 1953 allait paralyser cette évolution et imposer le LWR, fonctionnel mais primitif. Au moment de la conception de ce réacteur, on était encore loin de poser la question de la sûreté de fonctionnement industrielle. L'apprentissage industriel du fonctionnement et de la sûreté se fera au fil de multiples incidents affectant les premiers réacteurs, notamment lors de l'accident de Three Mile Island (Pennsylvanie) en 1979, quand se produit une fusion du cœur, jugée auparavant impossible. Les industriels imaginent alors, et parfois improvisent, les équipements ou les modifications structurelles susceptibles de parer à certains des risques passés ou anticipés. Conséquence majeure de ces initiatives nécessaires : on a rarement deux réacteurs identiques, surtout lorsqu'il a fallu dix ans pour les construire. De plus, les constructeurs se voient tenus d'assurer pendant des décennies l'entreposage, avec refroidissement ininterrompu obligatoire, des barres de combustible une fois celui-ci irradié. Les délais de construction, le prix à faire payer au consommateur, croissent en conséquence avec le temps. À l'encontre des outils industriels réussis, plus on en fabrique, plus ce nucléaire-là revient cher. Aux yeux des pionniers, le LWR finira par être le symbole d'une occasion historique manquée : il a certes l'avantage d'être assez robuste et fonctionne bien sous condition de surveillance adéquate, mais il ne méritait nullement de prendre toute la place.

C'est une technologie immature, qui le restera. Ce que confirment en 2002 deux analystes du département de l'énergie nucléaire à l'AIEA : « Dans tout ce que nous faisons, nous continuons à dépendre des technologies nucléaires des années 1950, fondées sur des applications militaires qui ne peuvent exclure absolument la possibilité d'un accident sérieux, et qui ont atteint leurs limites du point de vue économique[33]. »

L'irrémédiable point faible

Lawrence Lidsky, professeur d'ingénierie nucléaire au Massachusetts Institute of Technology, MIT – un temple de la technologie nucléaire –, explicite le dilemme[34] en 1987. Voici en bref son analyse, vite étouffée par une puissante conjonction industrie-politique.

L'exigence première et dernière dans un réacteur nucléaire est le contrôle absolu, à chaque seconde, de la réaction en chaîne. Malgré sa conception simple, le réacteur LWR à eau légère, pressurisée ou bouillante, comporte à cet égard des risques structurels. La chaleur intense engendrée par la fission de l'uranium et par l'irradiation issue des produits de fission doit être évacuée en permanence par un fort débit d'eau ou de vapeur ; si ce débit est interrompu même brièvement (une à deux heures environ), la chaleur fera fondre le cœur du réacteur. Car la chaleur résiduelle due à la radioactivité des produits de fission, juste après l'arrêt d'un réacteur à eau pressurisée de 1 GW_{th}, correspond à une puissance d'environ 15 MW, soit 15 % de sa puissance en fonctionnement. Si elle n'est pas évacuée immédiatement, elle peut porter le cœur du réacteur jusque vers 1 900 °C en une à deux heures, d'où sa fusion. C'est l'événement à l'origine des accidents de Three Mile Island, et surtout de Fukushima.

Par sa conception même, le réacteur LWR ne peut survivre plus d'une heure à une perte de refroidissement ou LOCA (*Loss of coolant accident*). La fusion du cœur de réacteur, le dégagement intense d'énergie, peut conduire à des réactions chimiques explosives, à la rupture de l'enceinte de confinement du réacteur et à la libération de radioactivité dans l'environnement. Telle fut la séquence à Fukushima-Daiichi.

Donc même si des pompes tombent en panne, que des tuyaux se rompent, que des opérateurs commettent des erreurs, même si de lointaines lignes électriques alimentant les sécurités sont coupées, que le changement climatique provoque une subite sécheresse locale, l'eau doit impérativement continuer à circuler dans le réacteur. Au cours des années, nombre de tels incidents extérieurs (dits « cause commune » d'accident) se sont produits dans le monde, et parfois plusieurs incidents corrélés sur un même réacteur, avec des conséquences plus ou moins sérieuses ou dramatiques. Les réacteurs LWR ont tous ce risque inné, par construction.

Si des catastrophes majeures ont souvent été évitées, c'est grâce à la réaction immédiate d'un personnel très bien formé et très entraîné (par exemple en France, au Blayais en décembre 1999[35]). Le contrôle humain est crucial.

L'automatisation a certes des vertus : après l'accident de Three Mile Island, on a entrepris d'accumuler les sondes, les modules automatiques et des vannes de sécurité dans presque tous les réacteurs LWR, à des coûts très considérables. La stratégie dite de « défense en profondeur », inspirée d'un concept militaire, consiste à installer plusieurs « barrières de confinement » et sauvegardes dans le réacteur. Elle est complétée par le doublement d'instruments ou organes critiques (contrôles, canalisations, valves, évents, pompes...) et induit une réduction significative du nombre d'accidents non LOCA. Mais ce dernier, le danger principal pour un réacteur, est toujours présent. En atteste le fait que la vertu majeure reconnue à l'EPR (qui est un réacteur à eau pressurisée) est l'existence d'un radier capable de recevoir le cœur fondu en cas de LOCA – et non pas une modification radicale de sa conception qui rendrait LOCA impossible. Une telle modification serait hors du concept LWR.

Un géant aux pieds d'argile

Amer, Lidsky concluait ainsi son recensement : « Le LWR n'est pas mieux adapté à nos besoins d'énergie nucléaire que ne l'était le dirigeable *Hindenburg** aux

* Le constructeur aéronautique allemand Zeppelin avait développé, pour le transport transatlantique, des dirigeables gonflés à l'hydrogène, hautement inflammables en cas d'étincelle en présence d'air. Son fleuron, le *Hindenburg*, prit feu le 6 mai 1937 à l'atterrissage et s'écrasa avec ses passagers, mettant fin à ce mode de transport.

transports aériens. » Cette phrase fut écrite vingt-quatre ans avant le désastre de Fukushima-Daiichi, qui provoqua trois LOCA. Un quatrième a été évité de justesse, dans la piscine d'entreposage de combustible irradié, non confinée, où dormaient trois cœurs de réacteurs en cours de refroidissement. Si l'eau n'avait pas été instantanément rétablie dans ce dernier cas grâce à une action héroïque du personnel et des pompiers, les émissions radioactives consécutives à leur fusion auraient affecté l'hémisphère Nord tout entier[36].

Puisque le risque de fusion du cœur rôde dans la conception même des LWR – donc aussi des réacteurs à eau pressurisée français –, la garantie de sûreté absolue en toutes circonstances de ces centrales relève de l'illusion. Dans l'atmosphère inquiète post-Fukushima, ce fait incontournable et ses conséquences ont été soulignés par le directeur général de l'Institut de radioprotection et de sûreté nucléaire, Jacques Repussard, qui finit par lâcher dans une interview au *Monde*, le 9 mars 2013, qu'« il faut des technologies éliminant les risques d'accident aussi grave. Cela demande peut-être de changer de paradigme, d'imaginer d'autres types de réacteurs et d'arrêter la course à la puissance », ce qu'affirme aussi le président de l'Autorité de sûreté nucléaire[37]. Dans ces conditions, la surveillance et l'intervention humaine sont déterminantes. L'expérience, en France comme ailleurs, a démontré leur importance constamment mise en avant par l'ASN, les commissions parlementaires et les syndicats impliqués. C'est d'abord grâce à l'efficacité, la formation et la compétence des personnels EDF que des accidents graves ont été évités ou atténués dans le passé comme aujourd'hui. On en a d'autres exemples récents avec l'arrêt d'urgence de deux réacteurs à la centrale de Civaux, le 15 décembre 2021, suivi au cours de l'année 2022 de l'arrêt pour contrôle et réparations d'une quinzaine de réacteurs.

Les défauts détectés – la « corrosion sous contrainte » et la fissuration de soudures dans les circuits d'injection de sécurité – n'avaient pas été anticipés. Ils sont potentiellement graves, certains de ces circuits étant destinés à limiter le risque de fusion du cœur – toujours le problème intrinsèque du LWR. Une partie des réacteurs parmi les trois générations existantes sont concernés. Or, depuis l'ouverture à la concurrence de 2007, la dégradation des conditions de travail et de fonctionnement à EDF[38] est systématique. Les capacités de contrôle en continu sont délitées, les compétences affaiblies et la capacité de prise en compte de tels risques limitée. Ceci au moment même où les trente-deux réacteurs de la première tranche (900 MWe) et deux de leurs successeurs atteignent ou dépassent la durée de fonctionnement initialement prévue. On n'est donc pas surpris de lire les avertissements de plus en plus fermes de l'ASN[39] à cet égard.

En 2007, l'ancien vice-président du Medef, Denis Kessler, n'y était pas allé par quatre chemins : « Il s'agit aujourd'hui de sortir de 1945, et de défaire méthodiquement le programme du Conseil national de la Résistance[40]. » Et, en effet, après les télécoms, les hôpitaux, la poste… EDF subit la déconstruction méthodique des services publics, facilitée par les directives néolibérales de la Commission européenne. La gestion d'un bien commun est remplacée par la politique des « choix individuels » – c'est-à-dire de ceux qui ont les moyens. Transformer

EDF en une structure « ouverte au vent du large », mondialisée, c'est intégrer au marché l'un des ultimes et des plus importants vecteurs du bien public. Avec une nouvelle classe de dirigeants, la logique hasardeuse des fluctuations purement financières déborde et remplace les priorités techniques. La suppression et la précarisation des emplois, donc des compétences, deviennent une source de profits pour les actionnaires. En cas de faillite, ou d'accident, on fera appel à l'argent public.

Les conséquences en matière nucléaire sont devenues particulièrement visibles[41] après des investissements aventureux (Areva et EDF en Afrique, aux États-Unis, au Royaume-Uni). Et davantage encore avec la pitoyable odyssée révélatrice des EPR d'Olkiluoto (Finlande) et de Flamanville[42], les défaillances de fabrication industrielle (notamment au Creusot) pour de nombreuses pièces critiques et les retards pris en matière d'identification et de réparation de défauts. Ces retards, notamment en France, sont souvent dus aux réductions antérieures de personnels et au recours à des sous-traitants moins qualifiés. On atteint désormais un point d'accumulation critique. EDF ne parvient pas à tenir les délais de la quatrième visite décennale, soit l'examen détaillé, avec réparations éventuelles, prévu pour chacun des réacteurs ayant atteint 40 ans, l'âge limite fixé à leur conception. Les dirigeants sont enfin obligés d'affronter la question posée de longue date en interne par les responsables techniques, et en public par la Cour des comptes et le Parlement : le vieillissement du parc nucléaire. Le roi est nu, et la crise énergétique est là.

Les réacteurs meurent aussi

On savait bien, lors de leur construction dans les années 1970-1980, que les réacteurs nucléaires ne seraient pas éternels. EDF et ses homologues étrangers prévoyaient leur arrêt définitif après quarante années de fonctionnement, soit à partir de 2020 environ en France. Prévoir de les remplacer, et de quelle manière, n'était une question ni sournoise ni incongrue. Ne pas y répondre, c'était aller au-devant d'une crise énergétique majeure, donc aussi sociale et politique. Nous y sommes.

Le vieillissement d'une cuve de réacteur n'est pas une abstraction négociable à la corbeille ou sur tableau Excel. Le cœur du réacteur, portant l'ensemble du combustible et son attirail d'échangeurs et dispositifs de réglage, est amovible. C'est lui qu'on change, par fraction, tous les douze à dix-huit mois environ. En fonctionnement, il est plongé dans une cuve d'acier cylindrique (au diamètre d'environ 4 mètres et aux parois épaisses d'environ 20 centimètres), inamovible, dans laquelle pénètrent les grandes canalisations d'alimentation et d'échanges thermiques. C'est cette cuve qui ne peut être remplacée. L'IRSN souligne à quel point c'est un élément critique : « [S]on rôle pour la sûreté de l'installation est primordial. Son intégrité doit être assurée et justifiée dans toutes les situations de fonctionnement du réacteur et pour toute la durée de son exploitation. [...] sa conception, sa fabrication, sa réception et son suivi en service font l'objet de dispositions de contrôle particulièrement exigeantes [...] le remplacement d'une cuve n'est pas une opération envisagée par EDF. La durée de vie de l'installation est en conséquence directement liée à la justification de l'aptitude à l'emploi de la cuve[43]. » Atteindre les limites de fragilisation de la cuve est par conséquent une source de risques, voire de danger majeur. Pris à leur propre piège d'inaction, des dirigeants proposent une solution de dernier recours, apparemment simple, à la crise énergétique qui menace : faire tourner les centrales plus longtemps. Mais ce n'est ni une administration, ni un responsable politique, ni un comptable, fût-il dirigeant d'EDF, qui peut décider jusqu'où résisteront les cuves des centrales nucléaires.

Entourée de son enceinte de béton, fortement irradiée par les neutrons, la cuve est trop radioactive pour être approchée. Il en est de même pour les soudures des tubulures d'entrée et de sortie de vapeur dans la cuve. Avec le temps et les contractions et dilatations thermiques, ces soudures sont fragilisées et exposées à la corrosion, notamment lorsque l'eau passe rapidement de 320 °C à la température ambiante et *vice versa*. Ces variations peuvent créer, puis amplifier des fissures. Après trente à quarante ans de cycles thermiques de cette ampleur, la fragilisation peut être importante[44]. De son côté, la cuve en alliage d'acier irradiée à la hauteur du cœur voit ses atomes (comme ceux des soudures de tuyaux) déplacés par les neutrons. Là où l'acier de cuve était un alliage de structure homogène, on a progressivement un matériau où les défauts de structure s'accumulent. Au fil du temps, ces défauts évoluent sous l'effet combiné de l'irradiation, de la température de fonctionnement élevée et des variations de température liées aux arrêts et redémarrages du réacteur. La résistance mécanique de l'ensemble en est affectée : ces événements accumulés pendant des années fragilisent la cuve métallique. Cette situation n'avait rien d'imprévu. On peut encore voir et entendre Marcel Boiteux, le président d'EDF qui dirigea le programme de mise en place des centrales nucléaires, l'expliquer clairement aux téléspectateurs de l'ORTF en 1979[45]. Il n'imaginait pas que les centrales puissent être amenées à fonctionner au-delà de quarante ans. Au fil des arrêts impromptus affectant entre 20 et 50 % du parc de réacteurs, notamment en 2020-2022, on a pu vérifier la justesse de ses anticipations.

Comment prévoir, sans mesure expérimentale et quarante ans à l'avance, une limite de danger ? On est allé au plus simple. On sait évaluer le nombre d'atomes initialement déplacés par une collision avec un neutron, et on connaît assez bien les défauts qui fragilisent la structure ; on fait l'hypothèse que, une fois tous les atomes de la cuve au niveau du cœur déplacés au moins une fois en moyenne, le taux d'endommagement de la cuve peut conduire à une fragilisation dangereuse. Dans des conditions de fonctionnement normales, ce calcul conduit à la limite des quarante ans. On voit combien ce choix est approximatif : les conditions d'irradiation, les variations de température, les conditions d'arrêt et leur fréquence… sont variables d'un réacteur à l'autre ; s'y ajoutent éventuellement les variations de composition des alliages constituant les éléments de la cuve, en outre soudée en plusieurs endroits. On essaie de parer à ces incertitudes à l'aide d'indications données par des simulations et certains échantillons témoins aux informations incomplètes[46]. Au total, la complexité des interactions étant hasardeuse à modéliser, le choix d'une limite de fonctionnement à quarante ans résultait de la simple prudence. Elle était cohérente avec les incertitudes recensées.

La recherche a progressé en plusieurs décennies, les défauts et leurs interactions à différentes échelles sont mieux connus que lors de la construction. On pourrait penser que ces connaissances seraient mises en œuvre dans l'étude d'anciens réacteurs démantelés après environ quarante ans. Après enquête, j'ai eu la surprise de constater que nulle part, dans aucun pays, n'avait été réalisée une étude systématique sur d'authentiques parois de cuve d'un réacteur démantelé ayant effectivement subi une quarantaine d'années d'irradiations et de variations de température. Plusieurs réacteurs anciens démantelés de longue date, notamment aux États-Unis, permettaient pourtant de telles études. Elles n'ont pas été faites. Cela m'a été confirmé par la professeure Allison Macfarlane, ancienne présidente de la Nuclear Regulatory Commission américaine, équivalent de notre ASN[47]. De sorte qu'on n'a toujours pas d'indication précise – même sur un seul échantillon d'une cuve réellement utilisée – des modes de défaillance et de la capacité de la cuve à résister sans déformation ou fracture aux temps longs de fonctionnement. C'est d'autant plus problématique qu'il n'y a pas deux cuves identiques au départ[48], et que les trajectoires individuelles d'irradiation, de montées et de descentes en température pendant des décennies, accroissent encore les disparités entre réacteurs.

Conclusion : lorsqu'un industriel américain ou tel directeur d'EDF propose de prolonger le fonctionnement de ses centrales pendant dix, voire vingt ou quarante ans au-delà de la durée initialement fixée, lorsque le président, les ministres, certains parlementaires, les conseillers de toutes sortes répètent gravement cette proposition comme une évidence, aucun ne sait véritablement de quoi il parle. Ni eux ni personne ne disposent de l'information permettant d'en évaluer les risques[49]*. Le président de l'ASN, qui n'ignore pas cette situation, s'est contenté d'une déclaration envisageant une prolongation de la durée d'utilisation de centrales « au cas par cas »[50]. Il serait bon de sortir du subliminal, et de reconnaître explicitement qu'un formidable travail est indispensable pour vérifier chacune d'entre elles. Sauf à accepter un risque non mesuré.

J'ai à peine mentionné les déchets issus du démantèlement des réacteurs définitivement arrêtés. En dehors des combustibles dont nous verrons le sort, ce sont des matériaux dont la radioactivité est dite « moyenne ou faible » parce qu'on a laissé le réacteur et son appareillage proche (les circuits primaires notamment) se « refroidir » d'eux-mêmes : il s'agit de durées de vie moyennes radioactives

* Le directeur exécutif d'EDF (direction du parc nucléaire et thermique), Cédric Lewandowski, affirmait devant une commission de l'Assemblée nationale en janvier 2023 que la prolongation du parc nucléaire jusqu'à soixante, voire quatre-vingt, ans « n'est pas un tabou ». Il déclarait s'appuyer sur la position de fournisseurs d'électricité américains. Ceux-ci, tous privés et confrontés à des prix du solaire et de l'éolien presque cinq fois inférieurs à ceux du nucléaire, dans un contexte très concurrentiel, font tout pour limiter leurs pertes. Prolonger le fonctionnement des centrales, restreindre les mises à jour de la sûreté après Fukushima sont des éléments vérifiés de cette stratégie. On saisit l'intérêt d'une expertise indépendante par l'IRSN pour juger des risques encourus, et l'intérêt d'une ASN rigoureusement indépendante pour imposer d'éventuelles mesures de sûreté.

plus brèves, et attendre dix à trente ans permet de les rendre manipulables (la durée totale usuelle d'un démantèlement de centrale varie de vingt à soixante ans, principalement pour ces raisons). Un problème… encombrant est l'énorme quantité de matériaux (aciers et autres métaux, bétons, plastiques, etc.) qui, une fois démontés, font l'objet d'un tri selon leur degré de contamination, pour être soit stockés, soit parfois réemployés si leur radioactivité est devenue négligeable. La protection des milliers de travailleurs sous-traitants, souvent mal avertis des risques radioactifs, est un problème négligé par l'État qui en est responsable. Les dispositions pour garantir leur sûreté, alors même que les travaux à risques vont s'enchaîner, sont plus qu'insuffisantes, témoignage d'une indifférence aux mauvaises conditions de travail particulièrement marquée en France, bien au-delà du nucléaire.

Le grand carénage

Il y a les choix techniques d'EDF, les expertises indispensables de l'IRSN, les appréciations et décisions de l'ASN d'une part et, de l'autre, ce qu'en font les gouvernements successifs. EDF a commencé ses investigations en 2008 et programmé certains changements importants à partir de 2013, en visant la totalité des réacteurs à terme. L'ASN a exigé des travaux majeurs (coût environ 100 milliards d'euros selon la Cour des comptes) de sécurisation et de modernisation, dits de « grand carénage », en cours de réalisation dans les centrales françaises[51]. Ces travaux (certains urgents, d'autres moins) sur les générateurs de vapeur, échangeurs, turbines ou transformateurs doivent parer à l'accident majeur, bien sûr, et aussi à la palette des incidents qui ont fait baisser de près de 20 % la production électronucléaire depuis 2005. Après les expertises de l'IRSN, personne ne regrettera que l'ASN ait fait obligation à EDF d'entreprendre des travaux d'une telle ampleur, alors que l'âge moyen des réacteurs au niveau mondial, hors la Chine, varie déjà entre trente-cinq et un peu plus de quarante ans (trente-sept ans pour la France). Il semble bien que l'engagement du pays sur ce point après le désastre de Fukushima soit plus rigoureux qu'ailleurs (notamment aux États-Unis), ce qui est plutôt rassurant pour l'Europe, mais inquiétant en général.

Le grand carénage était destiné à garantir le présent ; il est désormais traité comme gage de l'avenir tant par EDF que par le président Macron pour justifier la prolongation du fonctionnement des réacteurs. Mais le grand carénage ne peut rajeunir la cuve des réacteurs, et il révèle impitoyablement les problèmes humains et techniques que j'ai évoqués. Il a mis en évidence de sérieuses malfaçons et des vieillissements. Le manque de personnel qualifié, les difficultés à obtenir et à assembler du matériel de contrôle, outre qu'ils ralentissent gravement les travaux, ont aussi pour effet de retarder la découverte de problèmes inattendus tels que la corrosion sous contrainte. Les opérations de contrôle et de modernisation du grand carénage représentent un volume énorme d'interventions. Pressés par les tutelles, l'IRSN et l'ASN ont publié en 2014 un rapport et un avis sur la prolongation d'activité à cinquante ans du parc, alors qu'un seul réacteur de la série des quatrièmes visites décennales d'évaluation de sûreté a été traité. La mise aux normes du seul réacteur 900 MW de Tricastin (n° 1) a nécessité sept mois d'arrêt du réacteur, 30 000 opérations ou contrôles, effectués par 5 000 travailleurs. Un facteur qui pèse lourdement est la multiplication des sous-traitants. Il en résulte une dilution des responsabilités et des contrôles techniques et une perte de compétence et d'intérêt, les agents EDF étant réduits à un rôle de surveillants. À ce régime, EDF et ses sous-traitants sont loin de pouvoir tenir le rythme prévu du nombre de centrales contrôlées et réparées. Initialement censés être achevés en 2025, ces travaux ne le seront que vers 2030, alors que les derniers réacteurs de la tranche auront dépassé cinquante ans.

Inquiétude sérieuse supplémentaire : sur ces questions, l'IRSN n'a pas été doté des moyens d'une indépendance totale. L'Institut doit largement fonder ses évaluations sur les mesures et résultats déclarés, parfois limités, de l'exploitant EDF. Il dépend toujours du bon vouloir de l'exploitant (pour la remise des études, des informations), sans rien pouvoir exiger lui-même. L'accroissement des difficultés d'EDF à remplir son programme crée des tensions avec l'IRSN. Cette impression est confirmée par l'avis de l'ASN sur la prolongation d'activité et le remplacement de réacteurs, d'une prudence toute politique : « L'ASN s'interroge sur la capacité d'EDF à mobiliser de tels moyens à l'avenir pour les autres réacteurs, en particulier quand plusieurs quatrièmes visites décennales auront lieu en parallèle. » On a connu l'instance indépendante bien plus mordante par le passé, afin de poser les questions, préciser les études préalables et les délais nécessaires.

Au terme de ce bilan, il faut enfin souligner que, jusqu'ici, *nulle part dans le monde on a fait fonctionner un réacteur nucléaire électrogène au-delà de cinquante-trois ans.* On est en passe de vérifier si c'est ou non une chance. Une dizaine de réacteurs proches de cet âge sont encore en activité en Inde, aux États-Unis et en Suisse, à Beznau, dont l'opérateur demande une nouvelle prolongation d'activité de dix ans – jusqu'à soixante ans. Un rapport d'examen détaillé du réacteur Beznau 1 en 2014-2015 estimait à un millier environ le nombre de microfissures existantes, susceptibles de se propager et de fragiliser la cuve, après plus de quatre décennies de fonctionnement. L'imperturbable humour suisse a baptisé le réacteur « Emmental[52] », et la population débat actuellement de son arrêt.

Aux problèmes posés par la prolongation de fonctionnement des réacteurs s'ajoutent déjà les effets du changement climatique. Les réacteurs à eau pressurisée, étant refroidis à l'eau, seront affectés de deux manières au moins. La montée des eaux maritimes, modifiant les zones côtières, sera déterminante à plus long terme ; les centrales fluviales sont déjà menacées à plus ou moins brève échéance. D'ores et déjà, 44 réacteurs français sur 56 ont été affectés par des arrêts (sécheresse, canicule) et des rejets d'eau chaude modifiant les biotopes aquatiques voisins des centrales. Selon les rapports du Réseau de transport d'électricité (RTE), une baisse du débit du Rhône de l'ordre de 30 % compromettrait le fonctionnement de toutes les centrales nucléaires du fleuve. Il n'est pas certain que l'État et, surtout, la population soient préparés à cette situation en matière de protection et d'organisation de secours.

Une note de l'amiral Rickover[53]

Quelques mois avant le discours d'Eisenhower en 1953, l'amiral Rickover, qui dirige la construction laborieuse des premiers réacteurs destinés aux sous-marins, fait face à une excitation brouillonne chez des ingénieurs, des industriels et des membres éminents du Congrès. Sans compétences, ceux-ci agitent toutes sortes de propositions de réacteur nucléaire pour tous usages. Rickover analyse sans détour ces comportements et prédit leur avenir. Adressé aux décideurs, ce texte n'a rien perdu de son actualité. En voici l'essentiel.

Des décisions majeures doivent souvent être prises par des personnes qui peuvent manquer d'une connaissance intime des aspects techniques des réacteurs. Ces personnes sont cependant intéressées par ce que peut faire une centrale nucléaire, combien elle coûtera, quel sera le temps de construction, et combien de temps elle fonctionnera de manière satisfaisante. En tentant de s'informer, elles constatent que la situation est confuse. [...] Pour clarifier, je propose de définir les caractéristiques qui distinguent les propriétés théoriques d'un réacteur de ses caractères réels.

J'observe qu'un réacteur théorique a presque toujours les caractéristiques suivantes : 1) Il est simple ; 2) Il est petit ; 3) Il est bon marché ; 4) Il est léger ; 5) Il peut être construit en peu de temps ; 6) Il est très flexible dans ses objectifs (« réacteur omnibus ») ; 7) Il requiert peu de développements nouveaux, il utilisera essentiellement des éléments disponibles (*off-the-shelf*) ; 8) Le réacteur est en phase d'étude, il n'est pas en construction.

Par contre, un réacteur réel possède les caractéristiques suivantes : 1) Il est effectivement en construction ; 2) Il est en retard sur le programme prévu ; 3) Il requiert une impressionnante quantité de développements pour des éléments apparemment triviaux, la corrosion, en particulier, est un problème ; 4) Il coûte très cher ; 5) Il est long à construire, surtout en raison des problèmes inattendus d'ingénierie ; 6) Il est grand ; 7) Il est lourd ; 8) Il est compliqué.

Les outils du concepteur de réacteur théorique sont une feuille de papier, un crayon et une gomme ; en cas d'erreur il peut gommer et modifier. Si le concepteur du réacteur réel se trompe, il portera l'erreur comme une tare ineffaçable. Tout le monde la voit. Le concepteur de réacteur théorique est un dilettante. Il n'assume aucune responsabilité quant à ses projets, il est libre de propager des idées élégantes, dont les difficultés concrètes seront reléguées au rang de « simples détails pratiques ». Le concepteur de réacteur réel vit avec ces détails pratiques. Compliqués et gênants, ils doivent cependant être résolus sans délai ; leur solution requiert argent, temps et main-d'œuvre. Malheureusement pour ceux qui doivent prendre des décisions de longue portée, comme pour le public concerné, il est beaucoup plus facile de saisir l'aspect théorique d'un problème que son aspect pratique. D'autant que les protagonistes de réacteurs théoriques ont le temps et l'innocence pour eux. Incapables de discerner les difficultés réelles, ils parlent avec facilité et confiance. Les praticiens, rendus modestes par expérience, parlent moins et se font du souci.

Il serait souhaitable que décideurs et public gardent à l'esprit ces distinctions, qui devraient guider leurs choix.

Amiral H. G. Rickover
Division « Développement réacteurs »
Commission de l'énergie atomique (États-Unis)

CHAPITRE 5

Le futur antérieur

En attendant une base technologique adéquate permettant de démontrer la faisabilité, c'est perdre son temps que de comparer les coûts de commercialisation d'options différentes. En tout cas, l'avenir énergétique est plus imprévisible qu'il y a vingt ans.

Amiral H. R. Rickover
Témoignage au Congrès, 17 mars 1981

C'est à une valse sur l'air du « en même temps » que nous invite Emmanuel Macron à Belfort, le 10 février 2022. Le nouveau nucléaire sera à la fois le *bigger is better* de l'EPR ultime et le *small is beautiful* des petits réacteurs modulaires (*Small modular reactors*, SMR).

L'EPR2 serait la version simplifiée de l'EPR modèle Flamanville : débarrassé de la moitié de ses vannes, son efficacité améliorée, son enceinte de béton modifiée. Les SMR, eux, sont en projet dans l'industrie nucléaire mondiale depuis vingt ans ; tous issus des modèles conçus entre les années 1946 et 1949. Point de nouveauté. Les arguments techniques sont fragiles, les raisons économiques invraisemblables. Mais l'ordre est donné, Macron « prend son risque », comme il aime à dire, l'amplifie même en souhaitant supprimer l'IRSN. Reste à savoir si l'intendance suivra. Et quel sera le risque pour le pays. C'est la méthode utilisée pour imposer la réforme des retraites – sans même l'amorce d'un débat.

L'expérience est là : nous sommes face à un parc nucléaire qui atteint le stade des fragilités et des incertitudes, nous ne sommes pas assurés des capacités de toutes les centrales à maintenir dès maintenant le niveau de sûreté et de stabilité de fonctionnement requis. Les dispositions pour préparer l'avenir n'ont pas été prises ; EDF et l'environnement industriel qui en dépend sont fragilisés, alors que nous avons simultanément à réduire la place des combustibles fossiles, en remplacer une part significative par l'électricité, et à anticiper une croissance, fût-elle modérée, de nos besoins énergétiques globaux. Le tout dans le contexte du changement climatique déjà sensible et dont les effets, quoi que nous fassions, vont s'aggraver. Nous prenons conscience qu'avant d'atteindre leurs 20 ans les bébés d'aujourd'hui auront dû s'adapter à un autre monde. Cela fait bien des difficultés à la fois, des besoins à hiérarchiser et des priorités à définir. Le double projet Macron est-il réaliste ? Peut-on conduire une réindustrialisation adaptée à ces circonstances ? Sans les recenser tous, je passe en revue des aspects techniques qui me semblent critiques. Pour les aspects économiques, je renvoie principalement à la citation de Rickover en tête de chapitre.

La relance périodique

La « relance du nucléaire » est un phénomène périodique au niveau mondial. L'industrie est fragilisée, à peu près tous les quinze ans depuis ses origines, par les problèmes récurrents de sûreté, de réticences du public et surtout par la hausse de ses coûts. Ceux-ci font l'objet de controverses. On peut cependant avoir une idée assez précise du coût actuel à partir du prix garanti (en euros 2022) négocié par EDF pour l'électricité nucléaire produite par le futur EPR de Hinkley Point : environ 109 €/MWh, soit plus de deux fois le coût de production actuel des renouvelables (sans inclure le prix des effets de l'intermittence de ceux-ci).

Vers l'an 2000, alors que les coûts des énergies fossiles sont bas et que ceux des renouvelables ont déjà entamé leur chute, la communauté internationale des protagonistes du nucléaire cherche à se relancer à nouveau. Aucun réacteur électrogène n'a été construit en France depuis la fin des années 1990, ni aux États-Unis depuis la fin des années 1970. La disparition progressive menace[54]. Industriels et organismes d'État, tels que le CEA en France, élaborent dans le cadre de groupements internationaux, dont l'Agence internationale de l'énergie atomique, la stratégie dite « GEN-IV », une prospective pour la « quatrième génération » de l'électronucléaire. La proposition est double. D'abord, développer des versions nettement améliorées quant à la sûreté des grands réacteurs, essentiellement les LWR existants tels que l'EPR – c'est l'étape intermédiaire baptisée GEN-III. Ensuite, reprendre l'étude de certains réacteurs parmi la vingtaine de concepts différents testés dans les années 1940-1950 par les pionniers et abandonnés progressivement faute de soutien, en mettant cette fois l'accent sur la sûreté, le rendement et la capacité à réduire les déchets (notamment grâce aux réacteurs surgénérateurs). Plus récemment, la concurrence des renouvelables a conduit les industriels du nucléaire à rechercher la même agilité de mise en œuvre, donc des réacteurs plus petits et plus maniables – c'est le concept du SMR, qui s'efforce de reprendre tous les modèles précédents avec le but central de réduction de la taille. L'objectif généralement affirmé est la mise au point et l'industrialisation d'un ou deux des meilleurs concepts vers 2050, dans l'hypothèse d'un développement intense de l'énergie électrique mondiale, et dans la continuité du modèle de croissance capitaliste. L'annonce récente d'un prototype français (NuWard) vers 2030 n'est fondée sur aucune information concrète qui permettrait de l'étayer.

On peut souligner le caractère extraordinaire de cette proposition, au-delà de son aspect technique. Ayant constaté que l'électronucléaire tel qu'il s'est réellement développé avec les modèles LWR n'était « pas le bon », GEN-IV propose en quelque sorte de rembobiner le film de l'histoire nucléaire, de considérer les soixante-dix ans passés comme une longue parenthèse assez stérile et de renouer, après deux générations, le fil de cette histoire telle qu'elle aurait dû être écrite. C'est revenir au départ pour faire aboutir cette fois la démarche d'investigation autrefois proposée par Fermi, que l'intervention d'Eisenhower a fait avorter en 1953. Il se trouve cependant que ces décennies ont existé ; GEN-IV souffre donc de traîner derrière lui les centrales, les déchets et les problèmes non résolus du nucléaire réel, qui plus est dans un contexte radicalement différent du passé, sur tous les plans, social, économique et énergétique.

Une telle démarche reconnaît un échec mais pouvait se justifier en principe, s'il s'agissait de sortir du verrou LWR[55]. Ce qui signifiait récupérer les dix à vingt ans de recherche exploratoire souhaités par Fermi, qui espérait une source adaptée aux besoins des populations, sans compromettre la santé et l'avenir. Une fois la réponse acquise quant à la faisabilité, il resterait à choisir de la mettre ou non en œuvre. Car on en revient toujours à exiger une cohérence : la perfection technoscientifique n'a d'intérêt que si elle conduit à une utilisation intrinsèquement sûre de l'énergie nucléaire. Ce serait, aujourd'hui encore, plus que légitime – un beau projet. Au niveau mondial, nous en avons les moyens... En avons-nous désormais le temps ? L'acharnement ininterrompu, le blocage même, sur les réacteurs LWR à l'exclusion de tous autres (voir chapitre 7, les réacteurs surgénérateurs) aura coûté très cher à la filière nucléaire, et laisse les citoyens face à leur incertitude sur sa justification dans le monde qui se transforme.

EPR *diabolicum*

L'EPR (*European pressurized reactor*) est une version augmentée du réacteur à eau pressurisée, conçue dans la logique industrielle classique – celle qui a aussi prévalu pendant plus de soixante ans dans le nucléaire. Pour un industriel, augmenter la taille, c'est diminuer le coût par megawatt heure car, lors de la construction, on gagne généralement en efficacité, en temps, en coûts salariaux, etc., si les métiers et les équipes sont rassemblés autour d'un même chantier. En réalité, la situation est plus complexe. L'expérience a montré que le coût réel des LWR effectivement mis en œuvre a souvent été déterminé par la correction de problèmes apparus en cours de fabrication et par l'ajout de dispositifs de sûreté.

L'EPR, quant à lui, pourrait bien avoir montré les limites du gigantisme. La difficulté de fabriquer et assembler ses constituants essentiels est évidente. Surtout, le rapport Folz[56], implacable, a établi en peu de mots comment l'épisode constitue un révélateur de déchéance industrielle en France. Outre qu'ils dénoncent l'envol des coûts pour l'EPR en construction (près de 20 milliards d'euros, frais financiers inclus, au lieu de 3,5 milliards initialement prévus), tous les rapports[57] déroulent les causes de l'échec industriel : construction sur près de vingt ans au lieu des quatre ou cinq annoncés, succession d'erreurs et de malfaçons accompagnées de tricheries (les affaires de la cuve, des générateurs de vapeur, des fabrications au Creusot, des soudures du circuit secondaire qui ont défrayé la chronique), insuffisance de support par un tissu industriel efficace et démonstration cruelle d'une perte de savoir-faire et de motivation.

Entreprendre ce projet avec l'outil industriel existant, ses moyens et ses compétences bien inférieurs à ceux des années 1980, est un défi qui lève de sérieux doutes dont le chapitre précédent fait état. La transformation au cours des dernières décennies d'EDF et Orano (ex-Areva) en entreprises du marché, couronnée par un micromanagement gouvernemental destructeur, est une raison majeure de la crise largement documentée par les experts et la presse. Je me limite au rappel d'un épisode inouï de cette saga : la séquence vente puis rachat des turbines Alstom à General Electric, une vente animée par le ministre Macron et un rachat suscité par le président Macron. Difficile de ne pas se référer aux Shadoks.

De plus plane toujours la menace d'une scission d'EDF, dont l'État reprendrait la partie nucléaire avec ses dettes et ses problèmes, tandis que la partie bénéficiaire serait livrée aux marchés financiers. Or EDF n'est pas cette boîte à outils ni ce dossier de factures qu'agitent périodiquement le gouvernement et la direction. C'est une entité essentielle pour affronter la crise. C'est un organisme vivant, capable de retrouver ses talents de maître d'œuvre, un organisme qui gère un bien commun, dont il faut rétablir l'unité et la capacité d'initiative, ainsi que le fonctionnement industriel et de véritable service public.

Dans le contexte actuel et après l'échec des EPR, la proposition de lancer en France une série de six, puis huit EPR2 s'apparente encore au comportement Shadoks. Le projet ressemble à un de ces « gestes de papier » plus ou moins administratifs auquel faisait référence Rickover en 1953 : une volonté arbitraire s'exprime et *hop !* que la réalité se conforme au désir. Un exemple : on peut espérer que les ingénieurs d'EDF auront tiré, pour EPR2, les enseignements des échecs des premiers EPR. Ce n'est manifestement pas le cas de leurs dirigeants et de l'administration centrale : sur les quelque 20 millions d'heures de travail estimées nécessaires aux ingénieurs pour établir le projet détaillé de l'EPR2, on apprend que seul un million environ aurait été effectué jusqu'ici. Les prix et délais annoncés sont donc des promesses qui n'engagent, selon le mot célèbre, que ceux qui y croient.

Une responsable syndicale du secteur dit presque tout : « Ce que nous a appris l'EPR de Flamanville, c'est que pour construire un réacteur il faut une filière industrielle solide derrière. Nous avons sous-estimé la situation du tissu industriel, les pertes de compétences et de savoir-faire, la disparition d'acteurs, de sous-traitants essentiels. Si l'on veut relancer le nucléaire, il faut une stratégie programmatique, que l'État s'engage. Il faut un plan de redressement industriel afin de disposer d'un système résistant[58]. »

Réindustrialiser la France, à l'encontre des destructions d'usines et d'emplois pratiquées depuis trente ans par le capitalisme français : on en rêve. Alors que s'effondrait en vingt ans 20 % du potentiel industriel, largement délocalisé, ce même capitalisme – essentiellement les sept à dix plus grandes entreprises – recevait un total d'aides publiques triplé depuis 1999, atteignant 156 milliards d'euros en 2022[59] (soit deux fois le budget de l'Éducation). Ces entreprises ont ensuite distribué en dividendes environ 80 milliards d'euros, qui manqueront au redressement industriel. Ce véritable transfert des aides publiques aux actionnaires actualise l'injonction autrefois attribuée à Guizot : « Enrichissez-vous ! »

Si on rapproche l'analyse du rapport Folz déjà cité des développements récents à Flamanville et dans le parc existant, la mise en œuvre du projet Macron tel qu'annoncé suscite les plus grandes inquiétudes. Un tel programme ne s'improvise pas, il réclame des années de préparation (il a fallu environ quatre ans pour lancer le plan Messmer avec des moyens bien supérieurs) ; il faut une main-d'œuvre compétente, disponible et organisée en équipes pluri-entreprises, fondée sur un tissu industriel assez complet, avec une stratégie d'emploi et les savoir-faire adéquats… S'il était bâclé, le démarrage d'un tel programme aurait pour conséquence d'étouffer, au contraire, à la fois le nouveau projet lui-même et les travaux prioritaires du grand carénage. Et quand bien même les six premiers EPR2 seraient miraculeusement prêts comme prévu entre 2037 et 2043, où en seront, entre-temps, les vieux réacteurs à eau pressurisée de la génération Messmer ?

Avec ces éléments, je reviens à la question qui hante ce livre : quelle est la forme de production et de distribution électrique dont nous aurons besoin dans un monde dont nous vivons déjà jour après jour la transformation ? Chaque système énergétique a certes ses contraintes. Celles de ces réacteurs seront-elles adaptées à la trajectoire désormais connue vers une planète à +2,7 °C en 2100 ? Qui va poser cette question avant que nous nous embarquions dans le « nouveau nucléaire » façon Creusot-Belfort ?

La raison voudrait qu'on mette en place, à partir des nombreuses informations existantes, un contrôle du caractère réaliste ou non, faisable ou non, d'un tel projet dans le temps annoncé. Une commission (parlementaire, élargie ?) pourrait juger si l'effort industriel porté sur le nucléaire aide, ralentit ou entrave les travaux, moins spectaculaires mais si nécessaires (isolement thermique, réfections urbaines, transports, renouvelables) pour faire face aux effets du changement climatique, et en limiter les causes. Plus largement, il s'agit de rendre à l'État son rôle régulateur, planificateur et de cohésion sociale pour affronter la période difficile qui est devant nous[60]. Avec EDF, il piloterait la constitution d'une force de travail intégrée pour faire face aux avatars prévisibles de réacteurs en fin de vie, du démantèlement, en relation avec le traitement des déchets et leur entreposage. L'énergie, y compris nucléaire, a vocation à être un « bien commun », indépendante des fluctuations de marché et soumise à l'examen des citoyens.

L'ersatz SMR

Voici venir le discours enthousiaste sans réplique des thuriféraires-start-uppers, banquiers, fonds de pension vautours, politiques naïfs, accompagnés de quelques ingénieurs intéressés. Les fonds ont commencé d'affluer. Les SMR ont réponse à tout. Comment diable n'y a-t-on pas pensé plus tôt ? Simples, petits, bon marché, légers, rapidement construits, très flexibles dans leurs objectifs, constitués d'éléments *off-the-shelf* (mieux, modulaires) et, bien sûr, en cours d'étude avancée. Mais dont aucun n'est réalisé. On notera qu'ils cochent toutes les cases de la mise en garde de Rickover. Depuis une vingtaine d'années, quelque soixante-dix organismes et entreprises privés ou publics dans une dizaine de pays annoncent y travailler, toujours au futur et optimistes. Pourtant, même les travaux les plus développés, entrepris il y a dix ans aux États-Unis, n'aboutiront pas avant 2030 selon les constructeurs. Où est l'erreur ?

Depuis 1946, le nucléaire séduit périodiquement les politiques lorsque les constructeurs du complexe nucléaire aux nombreux emplois fragilisés leur proposent de subventionner un « nouveau départ », censé résoudre les problèmes antérieurs. Le long travail de recherche technologique dont il était question plus haut est absent de leur imaginaire ; le nucléaire n'existe à leurs yeux que s'il est industriel. C'est une démarche de capital-risqueur : la ressource impressionne, les communicants vendent une innovation technologique ; rien n'est abouti, mais s'agissant du nucléaire, l'État garantira toujours un retour, même en cas d'échec. Lorsqu'un président Macron, séduit par les discours et les investissements de Gates, Forbes et Bloomberg, cherche une voie pour que le nucléaire français rejoigne la horde mondiale des SMR, il parle à Belfort de modernité, profit express et concurrence internationale. Puis il se retrouve… avec le réacteur du sous-marin 1957 d'Eisenhower, mis à jour et entretenu par les sous-mariniers français pour la force de frappe nucléaire. Il n'est pas le seul, la majorité des SMR proposés sont des variantes des réacteurs compacts à eau pressurisée. Les constructeurs présentent ce qu'ils savent faire : un réacteur à eau pressurisée, toujours soumis au risque de fusion du cœur. C'est le cas en France, où Naval Group et TechnicAtome, constructeurs des sous-marins nucléaires, participaient à un avant-projet international de SMR dès 2012. Point de surprise à cela : seules les entreprises travaillant pour la marine ont conservé et développé la capacité de construction de réacteurs depuis les années 1980, et ce sont donc elles qui construiraient le SMR français (NuWard), plus ou moins proche de leur modèle. Il y a un avantage : ces entreprises travaillent déjà ensemble avec une exigence de qualité militaire. Mais pour produire de l'électricité, c'est d'un nouveau réacteur qu'il s'agit. Il ne suffit pas de le mettre à terre. Combien de temps faudrait-il pour en faire une machine industrielle à la fois facilement pilotable et disséminée, à la sûreté garantie hors des contrôles contraignants d'une discipline militaire ? À ce propos, notons que le développement de NuWard avec TechnicAtome entre pleinement dans la logique de reprise en main des affaires nucléaires françaises par le militaire, dont la nomination d'un ingénieur de l'armement au poste de délégué interministériel au nouveau nucléaire est par ailleurs le signe le plus évident.

Les directives GEN-IV prétendaient mettre la sûreté au fondement de la conception de tout nouveau réacteur, en excluant toute commande électronique ou mécanique extérieure. Cela implique d'importantes modifications du design technique, des études longues et des délais toujours sous-estimés. Depuis dix ans, la plupart des développeurs visent des puissances (électriques) de quelques kW à 300 MW, soit entre quelques pour-cent et le tiers de la puissance des réacteurs à eau pressurisée actuels. Pourquoi « faire petit » ? Une raison physique est de limiter la radioactivité, et donc le volume important de protection. Mais le réacteur n'en est pas du tout simplifié, puisqu'il faut gérer la très forte densité d'énergie (voir chapitre 2) en contrôlant le flux de neutrons dans un volume plus petit, lequel oblige à obtenir et gérer un combustible à uranium enrichi ou plutonium. Le développement porterait aussi sur la conception et la mise en œuvre de la partie électrogène, ainsi que sur l'adaptation industrielle. Parmi les longues mises au point figurerait également celle de nouvelles formes de combustible adaptées à la souplesse de fonctionnement requise pour les SMR dans le régime de réseau intelligent (*smart grid*). Les équipes d'EDF, on l'a vu, seront bien occupées ailleurs ; Macron prend soin de ne pas les impliquer dans les SMR, alors qu'elles seraient nécessaires pour traiter les parties thermique et électrique du sujet. Quant à l'aspect économique, la diminution de taille du budget affecté va à l'encontre de tous les arguments antérieurs montrant l'intérêt de l'augmenter. Le caractère « modulaire » pour la construction est parfaitement hypothétique. Il dépend de la mise en place d'une structure industrielle spécifique, tenant compte des exigences techniques du nucléaire. La création d'une chaîne d'approvisionnement intégrée pour SMR constituerait un défi industriel majeur qui ne se justifierait que par l'existence d'un marché très important, de l'ordre de 2 000 réacteurs par an selon les experts. Un chiffre qui laisse rêveur en regard des risques attenants de prolifération, de malveillance, et des difficultés de contrôle international, de manipulation et de traitement des déchets. Quant au marché du nucléaire désormais redoutablement dominé par la Russie, la France aurait un long chemin à faire pour s'y rétablir[61]. Enfin s'est-on demandé qui devrait conduire et surveiller ces machines si délicates réparties sur un vaste territoire, par qui et comment la sécurité en serait assurée, et à quelle organisation sociale cela correspondrait.

Supermarché nucléaire ?

Rien ne permet de dire encore quels seraient les coûts ultimes, la durée de fabrication et de mise en route, la fiabilité des SMR, ni la capacité à les gérer de façon sûre. Des tests prolongés seraient, comme par le passé, nécessaires avant de les voir prendre une place significative dans les réseaux. Et seraient-ils isolés ou mis en batteries, hors-sol, enterrés ou bien répartis ici et là ? En fonction de quels critères, et quel effet sur le voisinage ? Si les SMR doivent être rentables, il en faut un grand nombre, et chaque réacteur requiert un staff technique notable. C'est donc la formation prioritaire d'une vaste population de personnels hautement spécialisés qui serait indispensable, tant pour l'exploitation que pour la gestion du combustible et des déchets. Difficile en France, est-ce possible dans les pays où on parle d'exporter, et où les capacités techniques dans ce domaine font défaut ? Le nucléaire ne peut se passer de surveillance en matière de sûreté, de sécurité, de dissémination, de prévision d'accidents. Comment, enfin, seraient gérés, transportés et traités les déchets radioactifs de ces réacteurs répartis sur le territoire ? L'ASN, sur ces points, est d'un silence prudent. L'IRSN, s'il survit aux velléités destructrices du pouvoir, aurait fort à faire.

Au total, à l'exception d'un réacteur sur barge en Russie, il n'existe actuellement aucun SMR en état de fonctionnement dans le monde. Construire un nouveau réacteur, même en se basant sur un ancêtre connu, est toujours très compliqué : modifier une caractéristique affecte l'ensemble des autres, allonge les études, implique de changer des pièces (voire des fournisseurs), limite la souplesse et augmente les coûts. En prenant en compte la durée de définition du projet, la constitution des équipes et des collaborations industrielles pour la construction, les allers-retours avec les organes de sûreté : le temps de réalisation complète est estimé par tous les constructeurs entre dix et quinze années, pour des dépenses jamais inférieures au milliard d'euros.

La situation en matière de SMR est donc parfaitement conforme à la description de Rickover. Laquelle décrit aussi justement l'aspect financier. Peut-être certains capital-risqueurs seront-ils convaincus de bonne foi que les SMR auront leur utilité face au changement climatique, et feront-ils le pari d'un soutien à long terme pour un développement plus original. Mais ces temps-ci, il semble que la majorité des investissements privés soit davantage attirée par le jeu financier associé aux sommes considérables investies par les États. C'est clairement le cas pour les nombreuses « start-up » sans expérience antérieure réelle dans ce domaine, et qui dépenseront ardemment l'argent du contribuable pour faire les « réacteurs de papier » dont parle Rickover.

Il ne faudrait pas attendre une situation plus critique encore avant que l'avenir de ce projet soit soumis à un examen rigoureux, à un contrôle parlementaire et citoyen, pour juger de sa faisabilité réelle et de sa compatibilité technologique, sa capacité d'insertion dans un réseau électrique diversifié, son rôle éventuel et l'avenir de ses personnels dans une société en transformation.

Une réflexion pour finir, concernant l'amplitude soudaine de la campagne internationale en faveur des SMR. Encouragée et soutenue par l'AIEA, elle a sans doute un fonds stratégique pour de nombreux États. C'est un moyen d'accéder aux techniques nucléaires – militaires comme civiles – à plus ou moins bas bruit. L'exemple de la Corée du Nord le prouve : un pays avec un savoir technique adéquat, à l'industrie modérément développée, doté d'un minimum d'uranium enrichi, peut fabriquer une bombe nucléaire en moins de deux ans. C'est le nucléaire civil qui forme les cadres scientifiques et techniques dont une partie poursuit ou pourrait entreprendre le nucléaire militaire. Celui-ci est toujours un élément de politique étrangère : Russie-États-Unis bien sûr ; mais aussi Japon et Corée du Sud face à la Corée du Nord et à la Chine, Iran et Arabie saoudite, Turquie, Argentine et Brésil…, on n'est pas surpris de voir ces pays lancer des projets de SMR. La carte des candidats est celle des tensions internationales, et la place prise par la Russie n'est pas qu'une affaire commerciale. Qu'on le veuille ou non, cette intense campagne en faveur du nucléaire civil coïncide avec la tentative de repasser le plat de l'histoire nucléaire, les menaces réelles ou virtuelles de prolifération n'étant jamais loin de l'intérêt technologique. L'engouement des stratèges de l'énergie va et vient avec les années, mais le nucléaire ne perd jamais sa vocation de menace politique ultime.

CHAPITRE 6

Les poubelles de l'Histoire

Les déchets, précieux témoins des civilisations anciennes, sont trop rares au gré des archéologues qui constatent que nos anciens les réutilisaient souvent et en laissaient peu. Nous avons changé cela avec nos armes, nos plastiques et la chimie modernes : les résidus plus ou moins dégradés de nos objets abandonnés garnissent les fonds marins et pénètrent nos entrailles. Avec les éléments radioactifs issus des activités nucléaires, ils affectent désormais aussi nos squelettes et notre descendance.

Les premiers déchets, massifs et massivement radioactifs, sont d'origine militaire et de deux types. D'abord aériens : entre 1945 et 1961, près de 550 explosions dans l'atmosphère soulèvent des milliards de tonnes de poussières chargées d'éléments radioactifs et les font pleuvoir sur la planète (notamment dans l'hémisphère Nord). Une vingtaine d'isotopes, dont la durée de vie varie entre 1 000 jours et 240 000 ans ou davantage, laissent des traces ineffaçables sur la matière vivante, des humains au plancton, des végétaux aux bactéries. Ces éléments radioactifs, étant produits par la fission nucléaire, sont les mêmes que dans un réacteur. Le deuxième type de « déchets » militaires est accidentel et dû, dans la même période, aux chutes de bombardiers porteurs de bombes A ou H[62]. Aucune de ces bombes n'a explosé mais la plupart, détruites, ont semé sous forme de débris leurs charges de plutonium sur terre (notamment dans le nord-est des États-Unis et en Espagne) ou dans la mer. Au moins 16 bombes américaines (chacune d'une puissance équivalente à environ 1 Mt TNT) gisent ainsi au fond de l'eau près des côtes américaines ; on ne connaît pas le compte soviétique qui est sans doute largement équivalent.

Cadavres provisoires

Aujourd'hui, les éléments radioactifs dont on se soucie sont issus des usines de traitement de combustibles, d'armes nucléaires démantelées, et des combustibles irradiés dans les centrales nucléaires. Une question taraude le milieu du nucléaire depuis les origines : qu'est-ce qui est déchet dans le combustible irradié, quels sont les éléments réutilisables, et comment ? L'exemple type est le plutonium produit dans les réacteurs à eau pressurisée qui, si on dispose de réacteurs spécifiques (voir chapitre suivant), peut devenir non plus un déchet, mais à nouveau un combustible. De tels réacteurs peuvent également se nourrir de certains actinides, ces éléments plus lourds que l'uranium, très radioactifs, à vie très longue, qui y subiront la fission (ou la transmutation) qui les rendra moins dangereux. C'est dire que la notion même, et donc le volume, de « déchets » à faire disparaître varie selon la manière d'utiliser le combustible et le traitement qu'on peut lui faire subir. Le volume « d'entreposage » destiné à abriter ultérieurement ces matériaux dépendra de la capacité ou non, présente ou à venir, de les réutiliser. Leur mise à l'abri pendant des millénaires nécessite un entreposage en lieu sûr et stable. Comme on manque forcément d'expérience sur ce point on en est arrivé à prévoir un entreposage « récupérable ».

Les éléments de combustibles sont toujours conservés pendant trois à quatre ans (voire davantage) dans des piscines – au voisinage immédiat du réacteur, puis (en France) au centre de retraitement de La Hague –, le temps que décroissent leurs émissions radioactives les plus intenses. Cette étape franchie, leur devenir est lié à un choix qui met en jeu l'avenir du nucléaire civil.

Il y a trois voies possibles. La première (dite « cycle ouvert ») considère le combustible usé comme déchet à entreposer tel quel. Les deux autres voies sont conçues dans une optique de recyclage. La voie dite du « retraitement », issue du procédé de fabrication des bombes, consiste à séparer chimiquement (de l'uranium et des impuretés issues de la fission) le plutonium et les actinides, fissiles, considérés comme une ressource. Ces éléments isolés sont en majorité stockés ; un tiers du plutonium peut être réintroduit dans des combustibles frais (technique dite « MOX ») pour subir un nouveau cycle d'irradiation – mais pas davantage. La troisième voie est rêvée, jamais réalisée. C'est le recyclage multiple, la « fermeture du cycle » – l'extraction périodique ou permanente des éléments fissiles au fur et à mesure de leur formation, pour les « brûler » jusqu'à ne laisser que les éléments non fissiles. C'est cette troisième voie jusqu'ici hypothétique qui ferait du nucléaire la source énergétique millénaire dont rêvaient les pionniers. Mais elle cache bien des diables dans mille détails. Sauf la France, la Russie et le Japon, tous les pays ont abandonné leurs tentatives dans cette direction, en raison de ses risques et des coûts particulièrement élevés. La France et la Russie, quant à elles, ont persisté dans l'étape « retraitement » à un cycle, envisagée depuis des décennies comme la première du cycle fermé. Cette perspective tient toujours du pari à l'échelle historique. On peut se représenter l'avenir du nucléaire mondial comme une pyramide inversée : un développement potentiel immense qui dépend de la possibilité de transformer les « déchets » fissiles en ressource. La pointe sur laquelle repose cette pyramide idéale, c'est la possibilité de fermer le cycle nucléaire. Dans la configuration technique, économique et politique qui existe depuis soixante ans, cette possibilité est restée, selon l'expression consacrée, un horizon qui recule toujours.

Les combustibles « refroidis » sur site et à La Hague subissent donc un traitement chimique pour séparer le plutonium, l'uranium, les produits de fission et les éléments plus lourds que l'uranium (dits « actinides mineurs »). Le plutonium fait l'objet d'une surveillance et d'un entreposage particulier… mais continue à s'accumuler. Les autres éléments sont les déchets dits de « haute activité à vie longue » et de « moyenne activité à vie longue », qui nous intéressent ici. Nous avons vu que les soucis quant à leur accumulation et leur traitement avaient été « remis à plus tard » – donc confiés à leurs successeurs – par les pionniers. Il a fallu attendre vingt ans après le démarrage de la construction de réacteurs électrogènes pour qu'une première réunion internationale portant sur les problèmes du démantèlement et de la gestion des déchets nucléaires ait lieu. Largement documenté et discuté[63], le caractère incertain des solutions d'entreposage géologique proposées n'a hélas pas changé. Les déchets sont isolés du milieu vivant en fonction de nos capacités et compétences actuelles. Mais ils sont là pour bien plus longtemps que nous. La mise en place d'une gestion et d'une surveillance séculaire efficace n'a rien d'évident. On ne sait pas agir sur leur radioactivité, on n'est pas certain de la stabilité à très long terme des milieux où l'on veut les isoler. L'avenir proche et lointain de notre compagnonnage avec ces déchets est donc inconnu. On parle d'entreposage provisoire, alors que les quantités ainsi entreposées croîtraient en proportion de l'expansion de l'électronucléaire.

L'urgence est déjà là. Chaque année, EDF retire des réacteurs environ 1 100 tonnes de combustible usé. Celui-ci est convoyé à La Hague (200 transports – par rail, bateau et route – par an), pour être déposé dans l'une des quatre grandes piscines du centre. En 2019, celles-ci contenaient déjà près de 10 000 tonnes de combustible usé, pour une capacité maximum de 14 000 tonnes. On n'est donc pas loin de la saturation. On sait depuis vingt ans qu'une disposition trop serrée des assemblages de combustible usé extrait des réacteurs à eau pressurisée serait susceptible, en cas de fausse manœuvre, de causer un accident majeur[64]. Sachant qu'il faut une dizaine d'années pour concevoir et construire une nouvelle piscine, on comprend les mises en garde angoissées de l'ASN – plus encore si une succession de démantèlements avait lieu, et si les réacteurs EPR de Flamanville et Hinkley Point, fonctionnant enfin, devaient rajouter leur combustible usé.

La dangerosité des éléments radioactifs dépend de leurs émanations (particules ionisantes plus ou moins pénétrantes, dégageant plus ou moins d'énergie), de leur durée de vie, et aussi de leurs propriétés chimiques, de leur capacité à être absorbés dans des processus biologiques. Les problèmes d'entreposage de ces éléments sont donc multiples, et de niveaux différents.

Comment s'en débarrasser ?

Pour les éléments très radioactifs à vie longue – les plus dangereux, donc –, on rêve d'une élimination ou d'un enterrement définitif, de pouvoir les oublier. Des solutions remarquables ont été non seulement imaginées, mais aussi étudiées. Après la mise au point des missiles intercontinentaux, on a proposé de les envoyer dans le Soleil. Le risque d'une explosion malheureuse à l'envol d'une fusée chargée de centaines de milliards de térabecquerels (des multiples de Tchernobyl) a fait abandonner ce projet séduisant.

Faute de pouvoir transmuter la majorité des déchets radioactifs en isotopes quasi stables, on en est à enterrer les plus délétères dans un trou profond. L'idéal serait une profondeur d'au moins cent kilomètres, pour les placer dans des zones où les mouvements tectoniques pourraient les ensevelir davantage – c'est hors d'atteinte pour l'instant. On envisage des solutions dites « transitoires », un euphémisme pour masquer notre impuissance. Ils doivent être isolés du monde extérieur par plusieurs barrières successives. On les piège d'abord par fusion à haute température dans une matrice vitreuse considérée comme chimiquement stable. Les blocs de verre ainsi élaborés sont assemblés dans des conteneurs, refroidis en permanence pour évacuer l'intense chaleur due à la radioactivité (la température doit rester inférieure à 500 °C). De manière toujours provisoire, on peut ranger ces conteneurs (et leur système de refroidissement) à l'air libre dans des zones sécurisées. Mais la tentation est grande de les isoler dans un milieu stable, à grande profondeur, loin de l'activité humaine et de ses ressources – notamment en eau. La proposition d'entreposage souterrain de ces éléments est fondée sur des notions apparemment simples, mais la mise en œuvre effective de ce programme révèle ses fragilités. La résistance à la corrosion des conteneurs, soumis à la réactivité chimique sous irradiation à la chaleur intense, s'est déjà montrée insuffisante ; la résistance des verres irradiés en contact chimique avec certains environnements géologiques n'est évidemment pas vérifiée sur des durées millénaires ; la stabilité des couches géologiques, l'existence ou la naissance de fissures et de failles (moins probables dans l'argile de Cigéo-Bure), le contact éventuel avec l'eau posent question à très long terme. Jusqu'où faire l'impasse sur ces incertitudes – c'est un problème difficilement soluble.

Les travaux en cours sur des sites souterrains aux États-Unis, en Suède, en Finlande et en France suscitent donc les controverses qu'on connaît[65]. On peut se référer à l'expérience des États-Unis, la plus ancienne. Après dix années de débats, de simulations et d'expériences de chimie ou de géologie, ces incertitudes ont conduit à l'abandon du site d'entreposage prévu à Yucca Mountain (Nevada) constitué de roches volcaniques. Par contre, ce type d'enfouissement a été effectivement mis en œuvre au

Nouveau-Mexique (le site baptisé WIPP) pour isoler les déchets d'armes et de l'industrie nucléaire militaire. Préparé depuis les années 1970, ouvert en 1990, le site choisi est une couche de sel, des fonds marin vieux de deux cent cinquante millions d'années recouverts de 300 mètres de roches plus récentes. Il était considéré comme stable et souple : si jamais l'eau pénétrait, la couche de sel humectée viendrait, pensait-on, refermer d'éventuelles fractures de la roche. En ce lieu devaient être stockés pour dix mille ans quelque 175 000 mètres cubes de déchets, notamment plutonium et actinides à très longue durée de vie (jusqu'à des millions d'années). Optimistes, les concepteurs envisageaient la fermeture définitive du site après quelques siècles, une fois vérifié qu'il n'avait subi aucun changement. Déception : les couches présumées stables ont déjà bougé de manière inattendue en à peine deux décennies. Plus grave, la corrosion et la manipulation hasardeuse de fûts de stockage, sous l'effet de l'intense chaleur des colis radioactifs, ont entraîné des réactions chimiques et des incendies, le tout avec fuites de particules (notamment de plutonium). L'émission des poussières les plus radioactives et le passage vers une couche aquifère sont aujourd'hui des risques avérés[66].

C'est une première leçon évidente pour Cigéo, le site d'entreposage profond des déchets en préparation à Bure (Meuse) : il faut éviter une trop grande proximité des colis de déchets, et les refroidir afin d'empêcher la création de « zones chaudes » susceptibles de dégrader et de faire exploser ou enflammer leur contenu. Cela conduirait à limiter le nombre de colis entreposés et à sécuriser leur accessibilité à tout moment – deux conditions qui ne semblent pas actuellement garanties. Et les évolutions souterraines observées semblent interroger l'hypothèse d'un environnement stable sur une période plurimillénaire[67].

Au total le volume de déchets de moyenne et haute activité à vie longue destiné à Cigéo et annoncé par l'agence responsable, l'Agence de gestion des déchets radioactifs (ANDRA), est d'environ 85 000 mètres cubes, un chiffre qui porte en principe sur le volume des déchets radioactifs mis en colis. Mais l'emballage des colis, avec un dispositif de refroidissement permanent et qui tient compte des leçons quant à l'écartement nécessaire entre chacun, peut conduire jusqu'à quelque 400 000 mètres cubes. La dimension actuelle du site permet d'y déposer environ le double du volume de déchets à longue durée de vie existants. Le sort des combustibles usés des centrales n'est pas réglé pour autant. On comprend cet avertissement du président de l'ASN : « La perspective d'une politique énergétique comportant une composante nucléaire de long terme doit être impérativement accompagnée d'une politique exemplaire en matière de gestion des déchets et des installations nucléaires historiques[68]. »

Le même discours faisait passer un autre message sous une forme que chacun – le public, les parlementaires – pouvait entendre. Il disait qu'on était proche du « bord de la falaise[69] », la saturation prochaine des piscines à La Hague mettant en cause non seulement la sûreté, mais aussi l'équilibre de tout le dispositif nucléaire français basé sur le retraitement (voir chapitre suivant).

Le « nouveau nucléaire » présidentiel compliquerait encore le problème, si les SMR faisaient leur apparition. Leur faible dimension oblige à augmenter l'intensité du flux neutronique en utilisant du plutonium ou de l'uranium enrichi (davantage que dans un réacteur à eau pressurisée) pour entretenir la réaction en chaîne. Pour la même raison, une partie du flux de neutrons s'échappe de l'enceinte, rendant davantage radioactifs les matériaux qui l'entourent. En conséquence, le volume de déchets radioactifs « par mégawatt » est plus important pour les SMR que pour les grands réacteurs. Enfin, chaque modèle de SMR devra avoir son dispositif d'évacuation et de traitement des déchets, selon les propriétés chimiques des constituants de son cycle (notamment du réfrigérant – eau, métal ou sel métallique liquide). Les volumes stockés et leur conditionnement en dépendront.

En somme, on sait « immobiliser » les déchets existants à court terme, dans des environnements contrôlés (encore faut-il les protéger). Par contre, on ne sait pas aujourd'hui les stabiliser au point de pouvoir les oublier définitivement, et on ne sait ni où ni comment les mettre à l'abri avec certitude pour des millénaires – c'est une recherche particulièrement complexe, ardue, indispensable. Tant qu'on ne maîtrise pas leur devenir à très long terme, l'accumulation significative des déchets radioactifs à haute activité et à vie longue pose la question de la contribution ultime du nucléaire comme source énergétique. L'incertitude quant au résultat n'empêche pas toutefois les discours qui nient ou minimisent les risques éventuels en s'appuyant habilement sur la multiplicité des études. Jusqu'au moment où la réalité fait surface, comme à WIPP.

CHAPITRE 7

Il faut qu'un horizon soit ouvert ou fermé

> La science moderne voit, dans la capacité de provoquer la transmutation des éléments, le pouvoir de prolonger indéfiniment le bien-être physique de la communauté humaine. Sans une découverte de cet ordre, la période de civilisation introduite par la science devrait par nature être transitoire. Nous dépensons sans mesure en une année les moyens d'existence qui suffisaient à nos ancêtres pour un siècle, et l'épuisement des ressources énergétiques disponibles, dont dépend notre monde présent, n'est plus aujourd'hui un horizon lointain[70].

Ainsi s'exprime Frederick Soddy, pionnier de la radioactivité, en 1919. La première phrase traduit l'émerveillement de l'époque, qui a laissé des traces profondes. La seconde est l'une des premières qui reconnaissent la fragilité des civilisations dans un monde fini. Avec la dernière, elle fait de Soddy un précurseur, en décalage complet non seulement avec ses contemporains, mais avec les deux ou trois générations suivantes. Ensemble, ces trois phrases me semblent résumer la question du nucléaire.

Lors de sa découverte, la radioactivité avait été rêvée comme une source infinie d'énergie. Cinquante ans plus tard, avant même la mise en œuvre du premier réacteur nucléaire électrogène, bien des acteurs du nucléaire, universitaires, ingénieurs ou industriels, voyaient ce rêve prendre forme : une source quasi inépuisable d'énergie, une fontaine de Jouvence qu'ils pourraient dominer à volonté. Ils avaient quelques raisons d'y croire, et beaucoup considéraient déjà la réalisation de ce rêve bienfaiteur comme la véritable justification de leur travail. Ce rêve persiste. Il est l'une des clés de la pérennité du nucléaire.

L'idée fondatrice fut celle de Hans von Halban et Leó Szilárd en 1941, dès la découverte du plutonium. Rappelons que U-238 (non fissile) est cent quarante fois plus abondant que U-235 dans l'uranium naturel. La fission de l'isotope 235 s'accompagne d'émission de neutrons énergiques (dits « rapides »). Dans les réacteurs à eau pressurisée, ceux-ci sont ralentis pour favoriser la fission de U-235. Mais les neutrons rapides peuvent induire la transmutation de U-238 en Pu-239. Un réacteur sans milieu ralentisseur, avec un cœur contenant au moins 20 % de Pu-239 mélangé à U-238 et entouré d'une « couverture » de U-238 (issu notamment de l'appauvrissement de l'uranium naturel complémentaire du processus d'enrichissement initial du combustible des réacteurs à eau pressurisée), constitue un « surgénérateur » (*breeder*, en anglais) : les neutrons rapides issus du cœur convertissent en Pu-239 le U-238. Ce dernier devient ainsi « fertile » et le réacteur produit davantage de Pu qu'il n'en a consommé. Très belle intuition scientifique, l'idée est séduisante à tous niveaux. Les réserves d'uranium sont assez faibles ; si le combustible disponible se réduisait en fait à U-235, soit 0,7 % du total, l'énergie nucléaire ne serait qu'un viatique transitoire, pour un siècle environ[71]. La surgénération lèverait cet obstacle à l'utilisation millénaire de l'énergie nucléaire.

Rêve et réalité : au cœur du sujet

Clementine : c'est le joli nom du petit réacteur conçu en 1945, construit entre 1946 et 1948 au fond d'un canyon à Los Alamos pour simuler les irradiations aux neutrons de l'arme nucléaire. Son cœur est en plutonium, il est refroidi au mercure, et n'a pas de milieu ralentisseur. C'est le premier « réacteur à neutrons rapides » (RNR), sa puissance est de 25 kW – déjà un SMR non modulaire, en somme. Clementine permit de réaliser les études souhaitées par les militaires et fut démantelé plus tard, après avoir apporté la preuve que la surgénération était possible.

Se développe alors l'aventure de recherche sur les RNR, en parallèle à l'histoire industrielle des réacteurs à eau pressurisée. Un RNR de 200 kW avec un cœur en uranium enrichi est construit entre 1949 et 1951 dans le désert de l'Idaho pour étudier les caractéristiques de ces machines, si différentes de celles des réacteurs à eau pressurisée. Ce prototype fonctionnera dix ans comme banc d'essai, et sera le premier réacteur (tous types confondus) à fournir de l'électricité – modestement – et le premier à tester les accidents possibles, dont la première fusion du cœur, délibérée et vite interrompue. À ce moment, le rêve prend consistance et révèle ses contrastes.

Les cadeaux de la nature ne sont pas gratuits. Si dans un surgénérateur on laisse le processus de transmutation se poursuivre assez longtemps sans interruption, l'absorption de neutrons par le plutonium conduit à la création d'actinides, ces éléments très radioactifs, à durée de vie typiquement millénaire. Quelques-uns pourront fournir de l'énergie par fission, mais d'autres – la majorité – finiront par constituer un « poison » pour le déroulement de la chaîne de fissions. S'accumulent également une foule d'isotopes d'éléments différents, produits de fission, la plupart intensément radioactifs. Le fonctionnement pérenne de ces réacteurs exige donc un déchargement périodique et une séparation/purification chimique du combustible afin de séparer l'uranium (235 + 238) du plutonium, des actinides et des fragments de fission. Le rêve perd de son charme ; la chimie, les enjeux technologiques et économiques reprennent leurs droits.

On n'est pas démuni pour traiter ces enjeux en France. La séparation chimique est maîtrisée et les ateliers existent à Marcoule, Tricastin, La Hague depuis les travaux sur la bombe. La quantité de Pu accumulée suffira bientôt à tout l'arsenal, pense-t-on dès la fin des années 1960, et la finalité de ces ateliers peut être réorientée vers le recyclage du combustible nécessaire pour un parc de RNR. Le rêve se transforme donc en programme, mais aussi en choix de destin. Pour ses acteurs, l'avenir énergétique est nucléaire *parce que* l'on saura maîtriser la surgénération, à condition de la coupler avec le recyclage chimique répété qui permettrait de « fermer le cycle » – soit brûler l'U238, qui de déchet devient combustible. Cette combinaison garantira l'indépendance énergétique à l'égard des producteurs de matière première et prolongera jusqu'à deux ou trois mille ans la disponibilité du nucléaire. On pourra réintroduire dans un réseau de réacteurs à neutrons rapides la quasi-totalité des combustibles usés issus des réacteurs à eau pressurisée et qui contiennent à la fois des actinides fissiles et l'isotope 238 de l'uranium. C'est donc produire encore du combustible, notamment Pu-239, en réduisant d'autant l'inventaire d'un entreposage souterrain tel que celui de Cigéo. L'hypothèse sera très présente lors de la création de l'organisation (ANDRA) qui gère Cigéo. Le stock actuel d'uranium « appauvri » (en U-235) issu des réacteurs à eau pressurisée est de 300 000 tonnes.

En se confrontant au réel, cette vision irénique du futur a subi des transformations majeures au fil des années. Les réserves minières d'uranium se sont révélées plus grandes qu'annoncé initialement, le prix du minerai n'est pas élevé ; en revanche, les coûts de fonctionnement des usines de retraitement sont imposants, surtout si on inclut ceux de la gestion des déchets chimiques et radioactifs[72]. De plus, une réduction en volume des déchets dans les RNR impliquera des recyclages en série très complexes, jamais réalisés, dans des réacteurs spécialisés. Le problème n'est pas mince. On estime que pour brûler les actinides à longue durée de vie, très radioactifs et émetteurs de très forte chaleur, au point de réduire efficacement le volume à entreposer il faudrait associer près de un RNR spécifique à chaque paire de réacteurs à eau pressurisée. Le coût d'un tel programme serait démesuré. Ensemble, ces raisons ont fait abandonner dès les années 1970 le recyclage et les RNR dans la plupart des pays nucléaires (notamment aux États-Unis après 1972). Ce ne fut le cas ni en URSS (puis Russie) ni en France.

Le CEA, en France, n'a jamais cessé de travailler à la surgénération. Pourquoi ? Sans doute à cause de l'identification du progrès à la croissance de moyens techniques, et la conviction que l'énergie nucléaire est un moyen millénaire de cette croissance et du développement humain. Cette vision du nucléaire comme vecteur de progrès expliquerait non seulement la constance des recherches sur les RNR par les travailleurs du secteur (essentiellement au CEA), mais aussi leur degré d'investissement remarquable pendant des décennies. Persister pendant des années dans les efforts de surgénération était certes compréhensible, mais les limites d'une technologie détachée des évolutions économiques et sociales devaient bien finir par apparaître. La surgénération et le multirecyclage, c'est le très long terme, avec des incertitudes majeures, non de principe mais de mise en œuvre industrielle, de sûreté et de prix. Une longue recherche fructueuse a persisté trente ans autour du RNR Phénix, puis il y a eu encore la longue tentative de Superphénix[73], et enfin le projet RNR de recherche Astrid[74] dont l'arrêt brusque, sans analyse préalable ni postérieure, révèle les impérities d'une gouvernance techniquement incompétente au plus haut niveau de l'État, qui a jeté aux orties 800 millions d'euros et des années de travail et de réflexion.

À nouveau, cette histoire nucléaire est révélatrice d'une structure en déliquescence. Sur les RNR, ce n'est pas la recherche scientifique ou technologique qui est à regretter ; c'est que, dans un contexte de marché, les critères de choix quant aux recherches à poursuivre soient dominés par le court terme. L'électricité étant largement minoritaire, la politique énergétique devenue purement financière est donc dominée depuis trente ans par le marché des énergies fossiles, majoritaires – sans rapport avec une vision d'avenir des besoins réels. En trois quarts de siècle, sous l'emprise et les conséquences de ce capitalisme-là – extractiviste à tous crins des ressources inertes, vivantes, humaines –, l'horizon climatique de nos sociétés s'est brutalement rapproché, et nous avons tardé à voir où étaient et sont encore les urgences. Depuis ses origines, le nucléaire civil est à la fois emblème et victime de cette défaillance.

La défaite ou l'incertitude ?

La vision messianique du cycle fermé et des RNR a donc été progressivement abandonnée par la plupart des pays. Aux motifs économiques s'ajoutent les difficultés inhérentes à la technique existante de ces réacteurs (structure très complexe, matériaux à hauts risques radioactifs et chimiques, risques d'incendie, recyclage du combustible radioactif), rendant la construction et le fonctionnement difficiles à sécuriser et le coût prohibitif. Enfin, des accidents de RNR aux États-Unis et en URSS avaient confirmé de manière assez précise un risque rare, mais qu'il serait insensé de multiplier : la fusion même très partielle d'un cœur de RNR comportant des centaines de kilos, voire une tonne, de plutonium peut conduire à la formation aléatoire d'un amas critique de quelques kilos[75], et donc à une véritable explosion nucléaire (un dixième de la bombe d'Hiroshima), avec les conséquences qu'on imagine.

J'insiste sur une autre raison majeure de ces abandons : la fermeture des usines, particulièrement polluantes et dangereuses, de retraitement du combustible irradié pour extraire le plutonium, initialement construites pour alimenter les bombes nucléaires. Elles n'ont été conservées qu'en France et en Russie (et au Japon, où celle existante n'a jamais fonctionné), pour des raisons à la fois militaires (en Russie et au Japon) et commerciales (en Russie et en France), pariant sur le succès et l'acceptation ultime par le monde entier du « cycle fermé ». En France, on a maintenu les centres de Marcoule et de La Hague destinés au retraitement (extraction du plutonium), en introduisant la fabrication du combustible appelé MOX, qui, après une seule purification, brûle une faible proportion de plutonium mélangé à l'uranium. C'est un procédé coûteux et inefficace, dont EDF se débarrasserait volontiers. Au moins 60 tonnes de plutonium sont stockées à La Hague, où les piscines contiennent plus d'une centaine de cœurs de réacteurs, soit environ 10 000 tonnes de combustible irradié. L'ensemble fait de La Hague un haut lieu mondial des problèmes de sûreté et de sécurité[76].

La fermeture du cycle nucléaire en France et le remplacement du parc actuel des réacteurs à eau pressurisée par les RNR étaient donc jusqu'à récemment un horizon légendaire, perçu par le CEA comme réalisable un jour, parfois accepté – non sans équivoque – par les autorités, et source d'un conflit pérenne entre le CEA (pour) et EDF (contre). Le nucléaire a subi les aléas d'une tutelle gouvernementale incapable de choisir entre promesses de réussite glorieuse toujours reportée et échecs technologiques déclarés transitoires. Depuis trente ans et un changement de génération, c'est par ignorance, incompétence ou indifférence des décideurs que l'État en France (malgré les protestations épisodiques du Parlement) s'est gardé d'expliciter la place du nucléaire dans son avenir énergétique à long terme. On attribue souvent ce silence à des contingences politiques, voire au combat antinucléaire – ce qui, vu le pouvoir politique modeste des écologistes pendant ces années, est pour le moins exagéré. Une raison plus crédible de ces incohérences est la simultanéité des programmes nucléaires militaire et civil. Après la crise pétrolière de 1973, les stratégies de la force de frappe et de l'avenir énergétique à court terme furent évidemment prises en charge en urgence par le Premier ministre Pierre Messmer et les gouvernements successifs. La réalisation du programme nucléaire civil était confiée à EDF. L'arme nucléaire, quant à elle, donnait au CEA autant de moyens politiques que d'argent. Ses dirigeants techniquement compétents – accompagnés par une technocratie fortement implantée dans l'administration – ont pris en main la stratégie qui était à leur portée : celle de l'avenir à moyen et long terme du nucléaire[77]. Leur intérêt pour les RNR et la « fermeture du cycle » (impliquant donc le retraitement) ne s'est jamais démenti[78]. L'incohérence des gouvernements en la matière, depuis les années 1980, ne s'est pas démentie non plus. Le résultat a été tantôt un soutien spectaculaire, tantôt un retrait confus.

Empêché par un État qui s'abrite derrière le secret-défense et pratique une répression parfois violente, aucun débat public raisonné n'a jamais pu avoir lieu sur les perspectives du nucléaire français, sa recherche, son avenir économique et social. L'ombre du plutonium, civil et militaire, a rendu myopes les politiques et muets les scientifiques.

À la majorité des citoyens reste, depuis des décennies, l'interrogation inquiète. Ces soubresauts délétères détruisent la recherche elle-même et les équipes qui la font, alors qu'une recherche de qualité est essentielle tant pour accompagner le parc nucléaire existant que pour explorer des voies entièrement nouvelles. Et aussi pour clarifier, dans une réflexion avec tous les citoyens, quel pourrait être le rôle du nucléaire dans le moyen terme, pour des civilisations obligées de s'adapter à des conditions physiques et à une biosphère en mutation profonde. Pour faire image, on peut se représenter l'avenir du nucléaire mondial à long terme comme une pyramide inversée. La pointe sur laquelle repose cette pyramide idéale est la possibilité de « fermer le cycle nucléaire » – transformer les « déchets » fissiles en ressource. Cette possibilité serait la pointe sur laquelle reposerait la pyramide idéale. Elle reste virtuelle dans la configuration technique, économique et politique qui existe depuis soixante ans.

Le pari faustien

Dans un article paru dans la revue Science *(177), Alvin Weinberg, coïnventeur du réacteur LWR (dont le réacteur à eau pressurisée) et partisan indéfectible du nucléaire, en fait un bilan lucide. Il propose aussi des « réflexions sur les aspects nouveaux qu'impose à nos institutions l'adhésion de l'humanité à l'énergie nucléaire ». Voici des extraits de cet article de 1972, qui mériterait lecture par l'Élysée en 2023.*

Le réacteur à eau pressurisée était initialement conçu pour la propulsion sous-marine en raison de sa simplicité et de son caractère compact. En tant que concepteur du PWR, je m'étonne de son succès considérable dans la production d'énergie civile. […] La fabrication de cuves sous pression [a permis] des réacteurs de très grande taille, jusqu'à 1 000 MW électriques. Un grand réacteur étant nettement moins coûteux qu'un petit par unité de puissance, la possibilité d'augmenter la taille des réacteurs explique le succès économique de l'énergie nucléaire. [Mais] la promesse de la fission nucléaire ne sera véritablement atteinte que par la mise en œuvre réussie de surgénérateurs. [C'est elle seule qui] fournirait à l'humanité une source inépuisable d'énergie. [...] Nous autres, gens du nucléaire, avons fait avec la société un pacte faustien. D'un côté nous offrons, avec le réacteur surgénérateur, une source inépuisable d'énergie [...] pratiquement sans pollution autre que chaleur et radioactivité. Mais le prix exigé pour cette source magique d'énergie est une vigilance et une longévité inhabituelles.

C'était déjà dans le vieux débat sur les armes nucléaires. Leur existence a équilibré la relation entre les superpuissances [...] ; en échange, la gestion des armes par une sorte de prêtrise militaire nous préserve d'une utilisation involontaire et maintient un équilibre précaire [...]. Cette prêtrise militaire est une contrainte supplémentaire à nos institutions sociales. [...] L'énergie nucléaire pacifique va imposer des exigences du même ordre, peut-être pour plus longtemps encore. [...] Nous ne serons jamais débarrassés des soucis de sûreté, du transport de matières radioactives et de déchets. [...] La société doit choisir. Est-elle prête à exercer la vigilance éternelle indispensable au fonctionnement sûr et efficace du système énergétique nucléaire ? C'est le prix à payer pour cette source infinie d'énergie propre et bon marché.

Alvin Weinberg

CHAPITRE 8

Sortir des nuages

Les gens de qualité savent tout sans avoir jamais rien appris.

Molière, *Les Précieuses ridicules*

Un conseiller présidentiel intéressé au nucléaire et dénué de flagornerie, ç'aurait pu exister. Depuis l'élection de 2017, il (ou elle) aurait prévenu son chef de l'état des lieux. Cela n'a manifestement pas été le cas. Pourtant, l'exercice peut se réduire aux quelques phrases sèches qui suivent.

Une rupture de l'approvisionnement électrique est en vue. La politique et le militaire ont imposé la technologie nucléaire LWR en usage aujourd'hui. Celle-ci était plus simple au départ mais, en incluant retraitement et gestion de déchets, elle se révèle après quarante ans lourde, fragile et proche de sa fin de vie. Aucune des dispositions réclamées par les experts et les parlementaires pour faire face à la crise énergétique potentielle due à un arrêt prochain des réacteurs n'a été prise pendant vingt ans. Cette inertie

– ou cécité volontaire – s'est prolongée sous tous les gouvernements alors que se développaient simultanément une crise climatique, une crise de la biodiversité et une crise de régime économique et social. Or, toutes ces crises sont liées. Les premières sont inéluctables ; s'y adapter nécessite dès maintenant une évolution économique et sociale radicale pour mettre en œuvre des parades supportables et efficaces. Le premier vecteur matériel de toute transformation est l'énergie ; pour savoir « combien il en faut », il faut choisir « pour quoi faire, pour qui » – pour quelle structure démographique et sociale, quels types de production et d'échanges. Enfin, la question du temps est incontournable : il nous reste une dizaine d'années pour réduire de moitié les émissions de GES, moins d'une vingtaine pour atteindre l'équilibre. Faute de quoi, point d'issue.

Il est possible qu'une note de ce genre soit parvenue à l'Élysée. Elle a dû connaître le destin froissé des précédentes. Sur ce sujet pourtant vital, la vision présidentielle pendant cinq ans jusqu'à la menace imminente d'une mise en faillite d'EDF semble s'être réduite au découpage et à la privatisation partielle de l'entreprise publique – une constante des « réformes » libérales macroniennes. Un soir d'orage peut-être, le président aurait enfin vu monter le risque d'effondrement énergétique et mis son palais en branle. L'impromptu de Belfort a sonné comme une corne de brume… dans le brouillard. Car la parole mélodramatique ne suffit pas. Le projet nucléaire façon Macron reste un discours performatif sans substance, totalement hors-sol. En un mot, infaisable.

Bâti sur une vision technologique inaboutie, le projet démesuré est irréalisable avec les infrastructures industrielles,

les compétences et la main-d'œuvre existantes. L'EPR2, un réacteur à eau pressurisée surdimensionné, est à l'état de projet incertain ; les projets SMR éclosent (et se faneront) comme marguerites au printemps, irréalistes sur le plan de l'industrie, des sites et des besoins. Dernier avatar, lancé à la cantonade en avril 2023 : « On va recruter 100 000 travailleurs dans ce secteur… » S'imagine-t-on qu'ils seront opérationnels du jour au lendemain dans ces techniques délicates ? Quelle cohérence avec les délais annoncés de construction ? Si des SMR devaient être répartis sur le territoire, dans quelles contraintes de sécurité vivraient ceux qui subiront cette dispersion des risques et des déchets ? Et surtout, dans quel monde physique, biologique et social serons-nous à l'époque où ces objets seront prêts ?

Ce que propose Emmanuel Macron est donc une aventure au pire sens du mot : trompeuse dans la démarche, vouée à l'échec dans la mise en œuvre, et source d'affaiblissement du pays au cœur d'une crise déjà existentielle. Le niveau d'irresponsabilité est analogue au moment où on propose de lancer un tel projet à celui qui a conduit à improviser la suppression de l'IRSN. L'incohérence est telle qu'on peut même se demander si dans une prochaine période le projet ne disparaîtra pas aussi soudainement qu'il est apparu… comme a disparu Astrid, d'un trait de plume.

Que faire, alors ?

Le monde d'Anna

Les yeux d'Anna sont immenses, son regard bleu déjà sagace, son sourire ferait fondre une banquise. Anna a

8 mois en mai et découvre le monde. Quand Anna aura 30 ou 35 ans, il n'y aura plus de banquise arctique en septembre. Paris aura le climat d'Alger 2023 et vivra parfois des tempêtes comme au Kerala. La répartition des oiseaux, des insectes et des plantes aura totalement changé ; la vie des humains dans les champs et les villes davantage encore. Pendant ces trois décennies, Anna aura grandi et nous aurons vieilli dans un monde où chaque mouvement devra s'adapter aux désordres du climat et de ses effets sur les sociétés humaines. C'est déjà perceptible par chacun, et c'est une certitude scientifique : par notre action passée et présente, jamais la planète et ses habitants n'auront connu changements physiques aussi grands en un temps si bref. Les désordres physiques sont certains, les effets sociaux imprévisibles. Impossible d'ignorer qu'entre la génération d'Anna et les nôtres un fossé s'approfondit au fil du temps : le combat de l'adaptation pour elle, et à nous la nostalgie impuissante. Après 2050, Anna vivra dans un monde dont nous ne savons rien. Sauf que la vie d'Anna, de sa génération et de leur descendance dépend entièrement de ce que nous ferons avant 2030 pour faire chuter radicalement les émissions de gaz à effet de serre. C'est à partir de ce constat implacable que la réflexion peut trouver un chemin.

« Ne désespérez jamais. Faites infuser davantage », dit le poète[79] ; c'est la condition première. Suivons le fil. Il n'est pas vrai que sont dérisoires les efforts pour réduire les GES d'un pays qui regroupe moins de un millième des habitants terrestres, il est faux de dire que notre part est ridicule. La mondialisation ne se réduit pas au combat de David contre Goliath, elle est aussi une course d'obstacles.

Des économistes classiques[80] considèrent que la croissance et l'augmentation des ressources sont indispensables pour réaliser les multiples changements nécessaires à la « transition ». De quelle croissance s'agit-il ? C'est que nous ne serions (je cite une phrase lue cent fois) « pas prêts collectivement à sacrifier pour le climat notre niveau de vie, nos services sociaux ou notre protection sociale ». Ainsi, l'obligation de croissance serait liée à la poursuite du monde existant, qui se reproduirait à l'identique avec les mêmes rouages et critères. Comment ignorer le mouvement qui a lieu dans l'expérience et l'esprit de tous quand la température monte, quand l'environnement et les rapports humains se transforment de jour en jour ? On est au cœur du sujet : la fausse évidence de la continuité fonde le discours dominant, alors qu'elle est démentie par la réalité quotidienne. La société bouge déjà, et va bouger plus fortement encore dans les années à venir. Bien ou mal ? Climat et niveau de vie ne sont pas des variables indépendantes ; le changement climatique contribue déjà largement à changer la vie quotidienne, le prix des légumes les années de sécheresse nous le fait bien savoir. C'est de longue date insupportable au sud, et déjà patent en Europe. C'est formidablement amplifié ces temps-ci dans le monde marchand financiarisé où nous sommes, où les prix des ressources n'ont aucun rapport avec leurs coûts de production. Les effets physiques et économiques se combinent pour accentuer les inégalités. Je voudrais convaincre que c'est paradoxalement un levier pour agir. Trop souvent ignorées, voire combattues, par les pouvoirs en place, des actions positives, fédératrices, se développent du seul fait même qu'il faut se défendre contre les intempéries, les modifications du biotope, les contraintes agricoles… et bien entendu contre les refus organisés de décarbonation. Retrouver le sens de l'action commune, des convergences d'intérêt : il est grand temps.

Le monde ancien

La classe qui gouverne encore et nous-mêmes vivons largement avec les paramètres du passé et confondons trop souvent leur mise en cause avec un désordre. Cette inertie, qui semble à peine ébranlée, permet au vieux monde, où « l'argent n'est une puissance que s'il est en quantité disproportionnée[81] », de prolonger son existence. Pas une instance ou une entreprise – même TotalEnergies – qui ne reconnaisse la nécessité de réduire les émissions de GES, mais cherchez la réalité des actes et voilà que toute action efficace vous révèle les inégalités sociales. Chacun de nous sait désormais que depuis 2020 les 1 % les plus riches de la planète ont capté 63 % des richesses, deux fois plus que le reste de la population mondiale, et qu'ils ont émis en moyenne 110 tonnes de CO_2 par an et par habitant, quand les 50 % les plus pauvres ont émis en moyenne 1,6 tonne, soit 70 fois moins[82] ; qu'en France, 5 % des ménages les plus riches possèdent 34 % du patrimoine, et 1 % en détient 15 %[83] ; et que la fortune des 10 premiers milliardaires français s'est accrue de 189 milliards d'euros, soit l'équivalent des factures de gaz, d'électricité et de carburant de tous les ménages du pays pendant deux ans[84]. Vertigineuses, ces fortunes et inégalités sont les produits d'un monde où les énergies fossiles jouent un rôle majeur. Les neuf premières entreprises pétrolières et gazières américaines et européennes, dont TotalEnergies, BP et ENI, ont reçu collectivement l'an dernier 11,9 milliards de dollars de financement de la part des banques françaises, principalement Crédit agricole, BNP Paribas et Société générale[85]. Pas de surprise, donc, quant à la volonté des possédants et de leurs représentants que rien ne change.

Prendre des mesures drastiques pour réduire les GES, ce n'est pas seulement diminuer leurs profits de l'an prochain ; c'est bien plus gravement fragiliser à terme leur pouvoir, porter atteinte au mécanisme qui l'a prolongé dans le dernier demi-siècle. Le combat pour atténuer les effets du changement climatique est bien un combat contre les pouvoirs source des inégalités. C'est le lien indissoluble entre décarbonation et justice sociale qui donne le cap. L'ennemi n'est pas la planète et ses nuages, qui n'ont rien demandé. Il est parmi nous, et il a des besoins, une structure et une stratégie. Mon sujet, le nucléaire, touche à chacun de ces aspects.

D'abord la stratégie. Elle concerne le nucléaire militaire, considéré en France comme vital. Depuis le discours d'Eisenhower en 1953, presque tous les pays disposant de l'arme nucléaire reconnaissent sans ambages que les faces civile et militaire de l'énergie nucléaire sont inséparables. L'électronucléaire fut une incidente presque accidentelle du militaire, puis à partir des années 1960 son cache-sexe. Elle devint ensuite l'entreprise managériale que l'on sait – laquelle a toujours partagé avec les militaires le corpus des connaissances de base, les études de réacteurs, d'extraction et de métallurgie du plutonium, d'entreposage et de recyclage du combustible et des déchets. Il faut ajouter les échanges constants de personnel, jusqu'aux dirigeants. Tout cela est public, même banal, aux États-Unis et ailleurs. Sauf chez nous.

En France, l'État organise à peu près le même système, mais en fait un secret jamais examiné par le Parlement[86]. Cette discrétion tenait initialement à la promiscuité des travaux à finalités civile et militaire dans les usines de retraitement et l'usine d'enrichissement d'uranium à Marcoule et au CEA. L'Association mondiale des opérateurs nucléaires (WANO) est plus explicite. Son site web indique par exemple que le niveau d'enrichissement du nouveau combustible uranium (dit « Caramel ») destiné aux sous-marins et aux porte-avions français a été modifié, « afin d'être aligné sur celui du combustible des centrales EDF[87] ». Dans les sites de Marcoule et de La Hague, construits dans les années 1960-1970 pour fournir, traiter et former le plutonium des armes, et dans d'autres plus récents, sont préparés aujourd'hui les combustibles de réacteurs civils et (pour les sous-marins) militaires, et sont retraités les combustibles usés des uns et des autres – séparation et extraction de quelque 10 tonnes de plutonium par an, très partiellement recyclées dans le combustible MOX (plus des deux tiers de ce plutonium reviendront comme déchets). Tant que dure la force de frappe nucléaire, l'arrêt de cet énorme dispositif est exclu. Il n'est pas surprenant qu'un gouvernement qui en fait sa méthode trouve des avantages à la pérennisation du secret. Il est plus étrange que des majorités du Parlement s'y soumettent ou s'en rendent complices au prétexte d'un « régalien » arbitraire. Surprenant aussi que les acteurs de la société civile n'interrogent pas radicalement cette entorse à la démocratie – surtout dans cette période de tensions majeures. Une réévaluation serait bienvenue.

Dans l'ancien monde, De Gaulle affirmait que pour continuer à jouer un rôle au niveau mondial, c'est-à-dire pour participer aux rapports de force internationaux, la France devait disposer d'une force de frappe. Cette vision gaullienne est restée évangile pour tous, gouvernements et oppositions, un évangile le plus souvent ramené à quelques phrases clés, alors que changeait le monde dès avant 1990. Au regard du présent, ses atouts militaires ont-ils réellement contribué à maintenir la France pendant des décennies dans le rôle de « puissance moyenne à vocation mondiale » ? Lui devons-nous d'avoir conservé un siège au Conseil de sécurité de l'ONU malgré nos échecs répétés au Moyen-Orient, en Afrique et en Asie du Sud-Est ? Au fil des bouleversements mondiaux du dernier demi-siècle, n'y avait-il pas un autre moyen de s'affirmer que de persévérer dans le développement d'une arme destinée à ne servir à aucun prix ? Quel est le sens de la « dissuasion nucléaire », surtout dans le monde d'aujourd'hui[88] ?

Cette politique, combinée avec la perte massive d'infrastructures industrielles[89], a laissé un paysage où notre industrie la plus avancée technologiquement dépend de plus en plus de l'armement, y compris vers l'export. Nous accusons bien des retards industriels en matière d'amélioration des conditions de vie, mais nous possédons fièrement la troisième industrie d'armement mondiale[90]. Elle serait la garantie de notre statut international y compris par rapport aux marchés financiers. Car les capitalistes français se sont convertis à la finance en délocalisant[91] furieusement production industrielle, investissements et emplois, mais le cœur industriel stratégique – armement, air et espace, essentiels à la force armée – est toujours géré par ce qui reste de l'« État stratège ». Étant donné l'intrication industrielle, financière et militaire des participants[92], on peut aussi lire les décisions concernant l'électronucléaire civil à l'aune des priorités stratégiques d'un président d'abord chef des armées. Après un demi-siècle, celui-ci reconnaît enfin que nucléaires civil et militaire ne vont pas l'un sans l'autre : « Tout ce qui fait que la France est une puissance indépendante, écoutée, respectée, repose sur la filière nucléaire », dit Emmanuel Macron au Creusot en 2021. À l'heure et dans le monde où nous sommes, cet écho archéo-gaullien mériterait confrontation à la réalité, réflexion publique, débats parlementaire et citoyen.

Il faut bien, sans doute, une armée adaptée à un monde où les guerres, les armes et les rapports de force ont changé sans disparaître, où le changement climatique domine déjà les conflits pour l'eau, les cultures, les ressources élémentaires. Mais la « force de frappe », à l'énorme budget prévu dans les prochaines années, est-elle une garantie de sécurité réelle, adaptée à ce monde-là ? Ce volume financier ne servira pas deux fois ; il manquera aux développements industriels, agricoles, des transports, essentiels à la réduction des émissions de GES. La guerre en Ukraine, qui a montré comment une centrale nucléaire devient une arme aux mains d'un ennemi[93], pose la question de manière renouvelée. Raison de plus pour exiger de la voir enfin débattue dans la clarté, et pour peser sur les choix de priorité.

Le sens de l'Histoire

Le GIEC établit que pour limiter l'augmentation de température moyenne planétaire à 1,5 °C la réduction des GES doit impérativement être de 50 % à échéance de 2030 (et de 100 % en 2050). Les modèles économiques proposent chacun leur répartition des réductions, mais s'accordent sur l'urgence absolue : 2030, c'est demain. *A contrario*, alors que les actions sont à mener aujourd'hui[94] et que 130 projets d'exploitation d'énergies fossiles particulièrement émetteurs de GES sont en cours ou en préparation dans les zones les plus fragiles du globe (Arctique, Afrique orientale, fonds marins...), le débat de politique énergétique sur le nucléaire se place toujours sur le long terme. On évoque régulièrement les « grands défis du siècle que sont la sécurisation de l'approvisionnement énergétique et la lutte pour le climat ». Cette phrase, qui paraît énoncer une évidence, mérite un regard critique. Elle pourrait suggérer des actions avant tout techniques, et justifier le discours insistant sur les vertus de la géo-ingénierie, par exemple. Aucune référence n'est faite à la société qui affronte ces défis. La proposition peut se ramener à tenter d'assurer, par la technique seule, la préservation du régime ancien – celui de l'extraction sans limites des ressources, celui des modes de vie et de rapports sociaux déjà insoutenables. En un mot, tenter de pérenniser l'archaïque capitalisme sans frein sur une planète où la biosphère tout entière est en train de changer.

Cela dans un moment où, au-delà des contradictions et hésitations, les victimes présentes et futures ont intégré le lien entre dynamique du climat et dynamique sociale. Au moins 70 % des Français disent avoir conscience désormais que l'objectif premier du capitalisme financier en 2023 n'est pas le souci du bien public. Les conflits sociaux en cours ont pris un sens qui déborde largement la question des retraites, voire du travail, alors que le changement planétaire est vécu tous les jours. C'est de la vie même qu'on parle. Membre du Haut Conseil pour le climat, la géographe Magali Reghezza-Zitt le résume parfaitement : « Il existe des limites “dures” à l'adaptation des sociétés humaines : le niveau de réchauffement, qui détruit directement les écosystèmes ; l'effondrement de la biodiversité, dont nous dépendons pour vivre, nous nourrir, stocker l'eau, atténuer le réchauffement et nous en protéger ; les inégalités socio-économiques et territoriales, qui entravent l'accès aux solutions existantes et efficaces. [...] La transition est tout autant sociale qu'écologique[95]. »

Les personnages du marché néolibéral et des partis présidentiels savent parfaitement que diminuer la consommation d'énergie de l'habitat, gagner en efficacité et développer les transports, c'est diminuer radicalement les émissions de GES avec un effort industriel modeste, créer des emplois rapidement, notamment dans les PME et qu'ainsi, des besoins sociaux majeurs commenceront d'être satisfaits. Les lenteurs, retards et empêchements dans ce domaine, comme dans celui de la décarbonation et de la dépollution en matière industrielle et agricole, ne sont nullement des hasards. La stratégie qui nous a menés jusqu'ici est limpide[96], je n'y reviens pas. Face à la crise et aux inégalités pyramidales, le CAC 40 ne s'est pas mué en club d'utopistes socialisants. Comme les députés RN à l'Assemblée, il met une cravate et parle bas, mais pour les uns comme pour les autres, la démolition du programme du Conseil de la Résistance, des services publics et du modèle social est toujours prioritaire. À ce pouvoir il faut un monde au partage stable ; à lui l'action et les biens, aux masses la résignation et la charité. La pire menace à ses intérêts est la renaissance de l'espoir de justice sociale, et l'énergie qu'il suscite. La priorité est de réduire ou réprimer les sources de l'espoir et les preuves qu'un avenir autre que la continuité incarnée par Amazon, Elon Musk et TotalEnergies est possible.

Cherchant l'immobilité dans ses règles profondes, le capitalisme internationalisé donne sans cesse l'illusion du mouvement par agitation en surface. Ce sont les « réformes », tentative permanente de réduire davantage les travailleurs à l'isolement, les « plans d'action » tonitruants : santé, éducation, justice, université ou recherche, dont la particularité est d'être toujours dans un lointain verbeux quand leur court terme se résume à un démantèlement par étapes. Rien ne subsiste dans le moyen terme des budgets, mais un luxe d'envolées lyriques se déploie par à-coups médiatiques. L'avenir est devenu un objet superficiel, labile et mutable. L'histoire du nucléaire est faite de cela depuis des décennies : c'est toujours l'existant qu'on projette et manipule, pour finir par le retrouver presque inchangé. C'est le monde du *Guépard*[97] : tout changer pour que rien ne change. Bref, dans le combat pour réduire les émissions de GES, il y a un nœud gordien. Libérer l'intelligence de situation, c'est rendre l'action possible.

Le vif du sujet

Nous avons vu l'inconséquence du « nouveau nucléaire » à la Macron en termes de technologie, son absence de faisabilité en termes de support industriel, de temps de réalisation. Nous avons constaté l'insuffisance de moyens techniques, humains et de recherche nécessaires pour seulement garantir le maintien en état du parc électronucléaire et gérer ses conditions de vieillissement. Avec ce vieillissement, une crise énergétique structurelle n'est pas loin ; y faire face suppose une action radicale soutenue par une démocratie de décision – nous n'y sommes pas vraiment, ces temps-ci. Que serait un « autre » nucléaire dans la France d'aujourd'hui, telle qu'elle est ? Premier constat, les réacteurs sont là ; chacun d'eux, à lui seul, émet peu de GES (du même ordre que les renouvelables), et, à condition de remettre à flot un contingent de compétences et une surveillance qui augmente avec le temps, on peut espérer que certains tiendront quelques années pendant que se déroulera la course au remplacement des sources énergétiques. Pour toutes ces raisons, et parce qu'elle gère l'électricité – un bien commun –, EDF, plutôt qu'une entité d'abord financière, doit redevenir un instrument technologique efficace au service de la nation. Les usines de traitement (primaires et de déchets) et de retraitement existantes sont, elles, sources majeures d'émissions et de pollutions, radioactive et chimique, complexes, très difficiles à gérer et coûteuses, qui devront évoluer radicalement.

Je ne reviens pas ici sur les limitations des réacteurs, y compris surgénérateurs, proposés – j'insiste sur les délais.

L'impératif est de réduire la consommation d'énergies fossiles, bien plus rapidement encore[98] que prévu par la loi périmée dite de « transition énergétique[99] ». Les délais du nucléaire Macron nous amènent au-delà de l'agenda du GIEC – il n'offre donc aucune contribution à la diminution des émissions dans les dix années critiques à venir. La situation ne serait pas meilleure du point de vue industriel.

Ayant mesuré les retards et difficultés des contrôles et réparations (voir chapitre 4) du parc nucléaire français, et les aléas impressionnants des chantiers EPR, le marché international du nucléaire reconnaît à quel point les moyens d'EDF et de l'industrie associée ont atteint leurs limites. Les nouveaux réacteurs sont aux mains de constructeurs sud-coréens, chinois (pour leur marché intérieur seulement) et surtout russes. Ces derniers ont une position très nettement dominante[100]. Outre les problèmes structuraux (parfois d'origine, comme la corrosion sous contrainte, et le plus souvent dus au vieillissement), les travaux du grand carénage ont révélé les problèmes de conception (notamment pour l'EPR, comme nous l'avons vu), d'organisation et de soutien (travaux de mise en conformité post-Fukushima). Il a fallu l'aide à la publication de lanceurs d'alerte pour que les dirigeants de l'entreprise puissent réclamer le personnel qualifié nécessaire au respect des délais de la visite décennale dont dépend toute décision concernant la poursuite ou l'arrêt des réacteurs.

Ces investissements techniques et humains considérables auraient dû être faits il y a des années. Il faudrait avoir clarifié – et tiré immédiatement les conséquences – des difficultés techniques de l'EPR ; il faudrait avoir donné à un

IRSN autonome, libre de ses recherches et de ses appréciations, les moyens d'inspection et de recherche à hauteur de ses missions et de ses responsabilités à l'égard de l'ASN. Il faudrait avoir anticipé et planifié l'ampleur, la complexité, et le besoin de compétences qui seront nécessaires pour démanteler simultanément une dizaine de réacteurs en fin de vie, le tout pendant une trentaine d'années. Avec de telles actions, toutes indispensables, le nucléaire du présent mord déjà largement dans son avenir, puisque la stratégie et les moyens pour mettre en œuvre correctement le présent font défaut. Les nouveaux moyens techniques et les personnels formés indispensables à la reconstruction industrielle n'apparaîtront pas du jour au lendemain par la grâce d'un discours présidentiel. L'enthousiasme des jeunes, surtout pour ce nucléaire-là, n'est pas avéré. Quant à la prolongation d'activité des réacteurs, nous avons vu à quel point on entre dans la zone des paris dangereux. N'avoir rien abordé de cela pendant son premier mandat, pour ensuite annoncer de si ambitieux projets à réaliser pendant le second, met Emmanuel Macron dans la position des choristes d'opéra qui chantent « Marchons, marchons » en restant sur place.

Je reviens à ma boussole. Comment agir le plus efficacement et pour quelle société, dans la transition inéluctable imposée par le changement climatique ? Le nucléaire est-il bien la source énergétique d'un développement souhaitable, avec un tissu industriel dont nous mesurons mieux désormais les limites et les possibilités ? Dans l'urgence, on ne peut nier une évidence technique : il est plus facile, moins coûteux, plus rapide et moins risqué de réaliser l'isolation thermique des logements et bâtiments (actuellement 40 % de la consommation énergétique, 20 % des émissions de GES), de fabriquer et d'installer des éoliennes et des panneaux solaires en grand nombre, que des dizaines de réacteurs nucléaires. Notre industrie, la recherche et nos compétences sont au niveau, et les mesures annoncées sur ce point précis par Emmanuel Macron à Belfort seraient – à condition de les mettre en œuvre en priorité – enfin assez réalistes. On peut faire vite, efficace, et ensemble. Mais on sera loin d'avoir tout résolu. Malgré ses progrès foudroyants, l'électrique renouvelable n'est pas une solution magique : une foule d'améliorations importantes (dont les rendements, les matériaux, la stabilisation des réseaux et l'entreposage d'électricité) restent à faire pour en profiter pleinement. Le double avantage des renouvelables, crucial aujourd'hui, est la rapidité de leur mise en œuvre pour la transition technologique et la souplesse de leur utilisation, capable d'accompagner au plus près la transition sociale. Le tout conduisant, on l'espère, à une forte réduction de la consommation tout en améliorant les conditions de vie. Ce n'est pas une solution universelle et idéale. C'est bien d'une étape, seulement la première, du changement de mode de vie qu'il s'agit. Obtenir la participation, l'acceptation de tous – construire une démocratie véritable – est la condition absolue de la réussite. En sommes-nous capables ?

Comment faire ?

Nous sommes face au mur selon les uns, au bord de la falaise selon les autres. Nous n'avons pas de solution disponible demain matin. Si trop de nos réacteurs à eau pressurisée existants devaient être arrêtés pour raison de sécurité, nous serions dans une sérieuse dépendance énergétique du réseau européen pendant un temps, pour l'électricité. Pas de panique, réfléchissons.

Nous allons, quoi que nous fassions désormais, vers une augmentation d'au moins 1,7 à 2 °C en fin de siècle – très probablement davantage, jusqu'à 3 °C[101]. Les changements seront majeurs, nous le savons. Nous pouvons imaginer leur ampleur en réalisant qu'ils seront en tout état de cause beaucoup plus rapides et plus profonds que ceux opérés lors des Trente Glorieuses qui ont transformé notre pays et amené plus de 50 % de la population dans les villes en cinquante ans environ. La France en a été bouleversée dans sa façon de produire et de travailler, de vivre le quotidien et les rapports sociaux – de penser, aussi. Pour éviter la destruction du corps social sous l'effet de ces changements physiques, il faudra être à la fois radical et prudent ; prendre des mesures techniquement simples, socialement acceptables, de sobriété énergétique. Réduire et réorienter, par exemple, les fabrications, les importations*, les ventes d'objets non réparables. Modérer la conservation de données ludiques absurdes dans le cloud – au rythme actuel, en 2025 il faudrait y consacrer 20 % de l'électricité mondiale et 30 % en 2035 ! Un changement majeur (un gain d'environ 30 % sur les émissions) pourrait venir de l'essor des transports collectifs. Il y a encore la transformation des processus industriels, l'amélioration de l'efficacité énergétique des appareils et modes de production… Ces

* Fabriquer un jean implique de 7 000 à 10 000 litres d'eau pure, et 65 000 kilomètres de transports.

possibilités n'exigent pas d'exploits technologiques. De fait, à l'initiative de villes, d'entreprises ou de groupements, on voit émerger les premiers changements dans l'habitat, dans les transports et dans les services, auxquels correspond une diversification nécessaire des sources d'énergie. Encore concentrées au niveau des villes et des zones industrielles, ces dernières seront de plus en plus souples et décentralisées dans les zones non urbaines. Leur mise en réseau, bien que complexe, n'a rien d'insurmontable. Mais tout cela va beaucoup trop lentement. Dans un pays qu'on affirme centralisé, l'État ne joue pas son rôle.

Ces mesures requièrent une mise en cohérence, une hiérarchisation des priorités qui ne peuvent se faire sans réflexion et choix collectifs, un soutien continu d'un État planificateur qui organise la progression des conditions de vie, précisément à travers la mise en œuvre de tous ces moyens de décarbonation. Conflits violents entre villages et État, entre agriculteurs et citadins, entre police et citoyens : voilà à quel point le caractère antidémocratique de gouvernance actuel, vertical et autoritaire, compromet notre capacité à faire face aux effets immenses du changement climatique.

Chacun le constate : il ne suffit pas que les mesures adoptées soient techniquement possibles. Leur réalisation concrète dépend d'un combat politique et social, mondial et local. L'adversaire est multiforme et puissant. Mettre en place et étendre ces changements impliquent de profondes transformations sociales et économiques en un temps très court. Ce n'est pas de « transition écologique » lente et amortie qu'il s'agit, mais d'une véritable « reconstruction écologique », selon la formule de l'économiste Gaël

Giraud. Pour être soutenables, les choix techniques et sociaux doivent aider à la réduction des inégalités. C'est un programme ambitieux, pas d'illusions. Rien ne sera facile sur le plan technique ni sur le plan social où la difficulté sera de préserver rationalité, culture de solidarité et résistance au désordre.

Quant au nucléaire, qu'il produise ou non des électrons utilisables, il sera à gérer pendant bien plus d'un siècle, compte tenu du démantèlement puis de l'entreposage. Il ne faut donc nullement abandonner la formation et l'embauche de personnels de tous niveaux. Il faut poursuivre la recherche à long terme, explorer d'éventuelles façons nouvelles d'utiliser l'énergie nucléaire. Le chemin suivi depuis les années 1950, dominé par des choix politiques et militaires, a montré ses limites. Il faut – c'est une affaire de décennies – gérer la fin des réacteurs à eau pressurisée : c'est bien ce qu'avaient reconnu l'industrie nucléaire et l'AIEA elles-mêmes en prônant le programme GEN-IV. Au regard des impératifs climatiques, prolonger leur existence *via* l'EPR et ses pareils se fait (se ferait) aux dépens des reconversions industrielles et sociales les plus urgentes face au dérèglement climatique en cours.

On est dès lors dans une projection à long terme. Trouver des formes de nucléaire moins lourdes, moins contraignantes sur les plans technique et sociétal reste un problème ouvert. Pour un réacteur de fission, la difficulté est de contrôler parfaitement de façon linéaire et stable un processus physique qui est par nature exponentiel. Sur le plan sociétal, c'est de contourner l'implacable « pari faustien » de contrôle autoritaire évoqué par Weinberg (voir encart p. 111), si semblable aux périls croissants dont nous avons déjà un avant-goût. Faut-il se limiter à la fission ? Remettre à plat ces questions, c'est retrouver le chemin des pionniers du nucléaire, reprendre la recherche de base indépendante figée par la guerre froide, l'élargir à toutes les voies capables de mener soit à une utilisation sûre de cette énergie, soit à la démonstration scientifique (ou économique) rationnelle que cela est impossible. En 1955, quand apparaissaient déjà les limitations possibles des réacteurs nucléaires, le grand mathématicien-physicien John von Neumann faisait remarquer que la fission n'était pas la forme la plus courante de libération de l'énergie nucléaire dans la nature. Il serait bon, disait-il, de chercher du côté de la transmutation nucléaire – l'« alchimie » évoquée par Soddy. Alors que Von Neumann était le conseiller scientifique le plus écouté du gouvernement des États-Unis, personne ne prit au sérieux cette remarque qui suggérait pourtant une profonde remise en question et un encouragement à des recherches qui mériteraient examen aujourd'hui.

Autre certitude : nous avons des faiblesses à reconnaître, incontournables. La première est politique et humaine. Elle résulte de la cécité volontaire d'une strate gouvernementale entièrement tournée vers l'internationalisation financière. Pendant près de trente ans, soit une génération entière, la filière nucléaire française a vu s'étioler ses compétences et sa créativité en raison de l'absence totale de vision d'avenir énergétique et industrielle. La composante technique d'EDF, initialement de grande qualité, a dû progressivement se replier sur la conduite et l'entretien des réacteurs au fur et à mesure des réductions d'effectifs et des pertes de compétences. Sa composante commerciale, en revanche, s'est épanouie dans la reconversion mondialisée bavarde et les tentatives de Meccano financier. Le parc existant vieillissait, des travaux étaient à faire – une planification des démantèlements aussi. Mais, au regard de dirigeants fixés sur le bilan de fin d'année, c'étaient des coûts et non des profits. Aucun nouveau réacteur électrogène n'ayant été construit en France pendant ces années, EDF elle-même et les entreprises du secteur ont subi retraites, départs, reconversions, restrictions d'effectifs, pertes de spécialistes et disparition des formations dans des métiers essentiels : métallurgistes, électriciens, soudeurs, robinetiers… Il a fallu faire venir à grands frais des soudeurs américains pour réparer nos générateurs de vapeur. Les aléas de l'EPR et les retards de travaux dans les visites décennales confirment chaque jour cette fragilité.

Ces salariés œuvrant dans ou avec EDF et les services publics de production, le plus souvent fiers de leur travail et de leurs résultats, faisaient partie de la colonne vertébrale du potentiel industriel national. La reconstitution de ces services publics est vitale, quelles que soient les formes et répartitions entre sources d'énergie. Les discours flamboyants sur une « renaissance nucléaire » ne vont pas rétablir à eux seuls ce monde ancien autrefois si motivé, cette architecture d'industries lourdes et de PME spécialisées souvent perçue par la jeunesse d'aujourd'hui comme une sorte de relique. La continuité des métiers et la mémoire se sont perdues entre crises successives, dépréciation du travail et un découragement qui a atteint nombre de travailleurs du nucléaire parmi d'autres, lors de la désindustrialisation néolibérale du pays.

Pour reconstruire et transformer, il faut largement retisser et affûter les compétences en matière de technologies énergétiques. Ce qui veut dire obtenir un essor concret des enseignements, un lien fort avec les recherches. Convaincre et former, avec autant de transmission directe que possible, une nouvelle génération qui est étrangère aux techniques nucléaires et renouvelables, et qui aura à bâtir sa propre culture de travail. Tenaces, ces jeunes poseront les bonnes questions : où est la véritable nouveauté ? Quelle forme d'énergie nous donnera le monde le plus vivable à tel endroit ? En combien de temps ? Ce ne sera pas une mince affaire.

Une seconde faiblesse, aussi profonde, est la désindustrialisation. Elle n'est pas sans rapport avec la première. La fin des Trente Glorieuses, l'« ouverture au vent du large » du capitalisme français postcolonial, c'est la découverte de la City, puis des Bahamas, l'*open bar* pour les capitaux étrangers. Délocalisations et passage à la finance internationale s'ensuivent. Faire chuter de 20 % en quinze ans le potentiel industriel, ce n'était pas seulement diminuer de manière brutale les capacités de fabrication, d'assemblage et de réalisation en France, c'était s'assurer que les « majors françaises » récoltent et déposent l'essentiel de leurs profits à l'étranger, au détriment de la santé, de l'éducation, de la recherche et des usines du pays. Des communautés de travail, de vie, de services publics détruites, des zones entières désertifiées, des heures de transport et des petits boulots : est-ce ainsi que les hommes vivent ?

Un projet aussi vaste, complexe et exigeant que la construction d'une série de réacteurs nucléaires aurait impliqué un tissu de PME technologiques avancées. Le président de l'ASN, puis celui d'EDF, ont curieusement plaidé pour un « plan Marshall du nucléaire » : vaines paroles, il n'y aura pas cette fois d'Amérique pour payer. Rien dans les discours gouvernementaux tenus jusqu'ici ne reconnaît explicitement le caractère global du défi à relever[102]. Il faudrait consacrer au nucléaire le travail, les budgets, la conviction et le temps de vie d'une génération entière. Pour retrouver une force industrielle puissante, c'est une forme inspirée de la renaissance d'après 1945 qu'il faut rechercher ; et elle sera forcément différente – une méthode rationnelle tenant compte des contraintes de l'évolution climatique et des limites des ressources planétaires plutôt qu'une course aux dividendes. Il faut être sur une planète de réalité virtuelle pour s'imaginer qu'on fera construire des réacteurs, SMR ou autres, par des traders enthousiastes.

Le projet Macron de « nouveau nucléaire » n'a donc rien de nouveau, ni quant aux technologies anciennes ni quant à la méthode désastreuse. Sous bénéfice d'inventaire, puisque l'étude est à peine démarrée, le réacteur EPR2 serait un EPR « simplifié » avec moins de robinetteries, dont on ne sait pas s'il fonctionnera en définitive comme prévu. Le projet de SMR NuWard serait une reprise de la technologie LWR âgée de soixante-dix ans. Son caractère répétitif et sa parentalité militaire sont symbolisés par le recours au constructeur des réacteurs de sous-marins, et l'adaptation du moteur de sous-marin à la production électrique ne se fera pas dans un claquement de doigts. Le projet n'a apparemment fait l'objet d'aucune étude complète.

En résumé : 1) L'infrastructure industrielle du nucléaire, très exigeante sur le plan matériel et humain, est défaillante – l'expérience de Flamanville en est une preuve dramatique ; 2) penser que l'industrie nucléaire en France puisse mettre en œuvre la réalisation (même en vingt ans) d'une série de 6 ou 14 réacteurs, c'est-à-dire reproduire approximativement l'expérience des années 1970-1980, est absurde. Le dispositif industriel existant n'a plus rien à voir avec l'ancien, les compétences acquises dans le domaine sont dispersées, une grande partie des forces ont disparu ; 3) en amont, le système d'enseignement et de recherche a été méthodiquement déconstruit et affamé pendant trois décennies dans toutes les disciplines. L'aggravation récente de ces pratiques, la poussée organisée vers la privatisation de l'un et de l'autre : voilà qui restera, avec le désastre de la santé, une œuvre emblématique des quinquennats Macron. Un effet particulièrement pervers, déjà ancien, a été la réorientation majeure des grandes écoles et formations universitaires techniques vers la gestion, le commerce et le management, guère utiles pour construire les dispositifs, réacteurs nucléaires ou centrales solaires dont on parle aujourd'hui. Bref, par son ampleur, par l'indisponibilité ou l'absence de personnels compétents, par l'absence d'un support industriel adapté, le projet ne paraît tout simplement pas techniquement faisable dans le contexte français actuel.

On voit heureusement croître chez les étudiants une volonté prometteuse de retrouver des finalités créatrices, le sens du commun et l'envie d'imposer des changements réels. Cette volonté s'est étendue au fil des séquences politiques et sociales, des Gilets jaunes à la réforme du travail, voire désormais à des mouvements encore plus déterminés tels que les Soulèvements de la Terre. Tout n'est donc pas perdu, même si les formes de débat républicain et d'action restent manifestement à améliorer et à adapter, envers et contre un pouvoir qui préfère la violence au dialogue.

Une forme de reconstruction industrielle est nécessaire et possible. Mais le temps presse ; et sur cette Terre qui change déjà, et changera bien plus profondément, elle est incompatible avec la poursuite du système économique dévorant issu des deux derniers siècles. Les « limites dures » des climatologues comme la crise sociale nous imposent le passage vers un autre monde. L'exigence de démocratie, d'écoute et de respect des citoyens dans la prise de décision, si évidemment forte aujourd'hui, est inséparable d'une réflexion sur les voies du changement social – le système énergétique fait partie de ces choix d'avenir. Sur ce point, la situation française en matière de discussion publique et citoyenne est presque réduite à la caricature. L'exemple de la Convention citoyenne sur le climat, privée de traiter du nucléaire, est patent ; le nombre presque ridicule de parlementaires s'intéressant de près aux problèmes énergétiques sous cet angle en est un autre exemple. L'office parlementaire compétent, l'OPECST, dont le travail est très utile, ne rencontre guère d'écoute au Parlement ou dans les médias. Par contraste, chaque mouvement citoyen – social, écologique, universitaire, etc. – met en exergue une exigence de débat et de décision collective. Ces dysfonctionnements de démocratie ne sont que la partie visible de l'iceberg. J'insiste à nouveau : le nucléaire, l'énergie dont il a été question ici, est emblématique, révélateur. En réalité, c'est un combat immense engagé contre un système de domination usé, pour le maintien d'une planète vivable au bénéfice du plus grand nombre.

La politique qui tente de décourager et de rendre sans objet les débats sur de tels sujets dans la société entière n'est donc pas qu'une expression de mépris ; c'est la destruction, avec les techniques du cabinet McKinsey, de la république sociale voulue par la Résistance. Sous les nuages de discours-paillettes rôde toujours la peur tenace du possédant qui craint les « sans-dents », la perte de son magot et, par-dessus tout, l'égalité sociale. Sidéré à l'annonce inopinée de la suppression de l'IRSN, un délégué syndical s'est exclamé : « Les ministres se croient dans un monde sans gens ! » On ne saurait mieux dire, et ça ne saurait durer.

Glossaire

AIE Agence internationale de l'énergie.

AIEA Agence internationale de l'énergie atomique.

ANDRA Agence nationale pour la gestion des déchets radioactifs.

ASN Autorité de sûreté nucléaire.

CEA Commissariat à l'énergie atomique puis Commissariat à l'énergie atomique et aux énergies alternatives (depuis 2010).

Cigéo Site d'enfouissement des déchets radioactifs (moyenne et haute activité, à vie longue).

CNDP Commission nationale du débat public. Autorité publique qui veille au respect du droit à la participation du public dans l'élaboration des projets et des politiques publiques ayant un impact sur l'environnement.

EPR *European pressurized reactor*.

GES Gaz à effet de serre (surtout CO_2 et méthane).

GIEC Groupe d'experts intergouvernemental sur l'évolution du climat, dépendant de l'ONU, créé en 1988.

IRSN Institut de radioprotection et de sûreté nucléaire.

LOCA *Loss of coolant accident*. Perte de refroidissement du cœur de réacteur.

LWR *Light water reactor*. L'un ou l'autre des réacteurs à « eau légère » (par opposition à « eau lourde » ou « isotope lourd », deutérium, qui remplace l'isotope léger dans la molécule d'eau). La filière LWR comporte deux versions : le réacteur à « eau pressurisée » (REP) et le réacteur à eau bouillante.

MOX Mélange d'oxyde d'uranium enrichi au plutonium.

OPECST Office parlementaire d'évaluation des choix scientifiques et technologiques. Organe commun à l'Assemblée nationale et au Sénat dont la mission est d'informer le Parlement des conséquences des choix à caractère scientifique et technologique afin d'éclairer ses décisions.

Pu-239 Isotope fissile du plutonium, produit à partir de U-238.

REP Réacteur à eau pressurisée. Modèle utilisé dans le parc électronucléaire français ; également le plus répandu dans le monde.

RNR Réacteur à neutrons rapides.

RTE Réseau de transport d'électricité (organisme officiel).

SMR *Small modular reactor*. Petit réacteur modulaire.

U-235 et U-238 Isotopes de l'uranium. Leur nombre de protons (donc leurs propriétés chimiques) est identique ; leur nombre de neutrons (donc leurs masses) diffère. U-235 est fissile.

WANO Word Association of Nuclear Operators. Concerne principalement les problèmes de sûreté nucléaire.

Remerciements

Si je suis évidemment seul responsable du contenu et des erreurs de ce texte, ainsi que des appréciations portées, je dois beaucoup aux échanges, débats et controverses au fil du temps avec de très nombreuses personnes que je remercie ici.

Parmi elles, Claude Aufort, Bernadette Bensaude-Vincent, Louisette Blanquart†, Geoffrey Bodenhausen, Soraya Boudia, Cécile Brice-Asanuma, Kate Brown, Isis Burke, Sylvain David, Geneviève Delvoye, Hubert Doubre†, Christine Fassert, Hubert Flocard, Franck Fortuna, Stéphane Foucart, François Graner, Jacques Haïssinski, Sylvestre Huet, Nancy Huston, John Krige, Marc Lachièze-Rey, Bernard Laponche, Sylvain Laurens, Rosa Pozner, Jean-Paul Schapira, Satoshi Ukai, Mathilde Viennot, Steve Zinkle et les Louloux m'ont, parfois sans le savoir, incité ou aidé à affronter les points les plus sensibles.

Je suis particulièrement reconnaissant à Francis Chateauraynaud, Martin Denoun, Michèle Leduc, Jean-Marc Lévy-Leblond, Yves Marignac et Benoît Pelopidas pour leurs éclairages, nombreux commentaires et lectures critiques.

L'amicale exigence éditoriale et les encouragements de Sophie Lhuillier ont fait aboutir ce travail. À Marie Hermet je dois le partage, l'inattendu et bien davantage.

Notes

1. J.-B. Fressoz, « La “transition énergétique” de l’utopie atomique au déni climatique. États-Unis, 1945-1980 », *Revue d’histoire moderne et contemporaine*, 69-2, 2022.

2. E. Macron, discours au Creusot, 8 décembre 2020, https://www.elysee.fr/emmanuel-macron/2020/12/08/deplacement-du-president-emmanuel-macron-sur-le-site-industriel-de-framatome ; Belfort, 10 février 2022, https://www.elysee.fr/front/pdf/elysee-module-19285-fr.pdf

3. A. Gramsci, *Textes choisis*, ed. A. Torel, Le Temps des cerises, 2014.

4. Pour un remarquable résumé complet, clair et précis de son dernier rapport, voir S. Huet, *Le GIEC. Urgence climat*, Tallandier, 2023.

5. Enquête Harris, « Le cœur des Français », 31 août 2021, https://harris-interactive.fr/opinion_polls/le-cœur-des-francais/

6. B. Villalba, L. Semal (dir.), *Sobriété énergétique. Contraintes matérielles, équité sociale et perspectives institutionnelles*, Quæ, 2018 ; B. Stiegler, *Du cap aux grèves*, Verdier, 2020.

7. Déclarations de C. Jouanno, présidente de la Commission nationale du débat public, et de M. Badré, chargé de la Commission particulière du débat public, sur les nouveaux réacteurs nucléaires et le projet Penly. M. Badré avait notamment constaté qu’« il n’y a jamais eu de débat public sur la place du nucléaire en France » (*Le Monde*, 26 octobre 2022).

8. L. Strauss, 16 septembre 1954, cité par le *New York Times*.

9. Parmi les exceptions, A. Camus, *Combat*, 8 août 1945, https://www.humanite.fr/albert-camus-sur-hiroshima-leditorial-de-combat-du-8-aout-1945-580990

10. C. Birraux, député, Sénat, rapport n° 971 AN – n° 155, 9 juin 1998, sur le contrôle de la sûreté et de la sécurité des installations nucléaires. Voir aussi les rapports très détaillés des ONG WISE-Paris et Global Chance, dès cette époque.

11. Programmations pluriannuelles de l'énergie (PPE), à partir de 2015, https://www.ecologie.gouv.fr/programmations-pluriannuelles-lenergie-ppe

12. Voir, par exemple, D. Carrington, M. Taylor, « Revealed: the "Carbon Bombs" Set to Trigger Catastrophic Climate BreakDown », *Guardian*, 11 mai 2022 ; « Banking on Climate Chaos », rapport 2022, https://www.bankingonclimatechaos.org//wp-content/themes/bocc-2021/inc/bcc-data-2022/BOCC_2022_vSPREAD.pdf

13. Rapport Oxfam France, 2021, https://www.oxfamfrance.org/climat-et-energie/impact-banques-climat/

14. G. Hecht, *Le Rayonnement de la France*, Éditions Amsterdam, 2014.

15. E. Macron, discours cités.

16. L'expression, étrange, est de B. Doroszczuk, président de l'ASN, lors d'une audition au Sénat, avril 2021. Elle circule désormais comme une formule magique.

17. Il semble (en juin 2023) que cette décision serait revue, mais sa remise en cause n'est pas assurée.

18. On rappellera le brutal licenciement par l'IRSN de la sociologue Christine Fassert, dont les articles de recherche rendaient compte de manière (trop ?) équilibrée de positions favorables ou non au développement du nucléaire. Voir *Le Monde*, tribune collective, 1er juin 2021.

19. J. Dewey, *Le Public et ses problèmes*, Gallimard, « Folio Essais », 2010 [1927].

20. Quantité de livres et de rapports de toutes opinions traitent de ce sujet. Par exemple, V. Smil, *Energy at the Crossroads*, MIT Press, 2005 ; T. Mitchell, *Carbon Democracy*, Verso, 2013 ; C. Bonneuil et J.-B. Fressoz, *L'Évènement Anthropocène*, Seuil, 2016 ; rapport RTE, 2022, https://www.rte-france.com/analyses-tendances-et-prospectives/

bilan-previsionnel-2050-futurs-energetiques ; *Scenario Negawatt 2022*, https://negawatt.org/Scenario-negaWatt-2022

21. Sur le plan mondial, 60 des plus grandes banques ont financé les entreprises d'énergies fossiles à hauteur de 3 213 milliards d'euros depuis la COP-21 (Paris) sur le climat. Voir *Banking on Climate Chaos*, https://www.ran.org/wp-content/uploads/2021/03/Banking-on-Climate-Chaos-2021.pdf

22. Par exemple, la déclaration de M. Bregeon, rapporteuse du projet de loi sur la relance du nucléaire à l'Assemblée nationale : « La science doit être plus forte que les croyances, et les faits plus puissants que l'idéologie. » Interview, 13 mars 2023.

23. Voir S. R. Weart, *Scientists in Power*, Harvard University Press, 1979 ; M. Pinault, *Frédéric Joliot-Curie*, Odile Jacob, 2000.

24. A. Weinberg, *The First Nuclear Era*, AIP Press, 1994.

25. Voir https://ansn.iaea.org/Common/documents/Training/TRIGA%20Reactors%20(Safety%20and%20Technology)/pdf/chapter1.pdf

26. Voir, par exemple, les articles du futur Prix Nobel 2020, S. Manabe, avec R. T. Wetherald, « Thermal Equilibrium of the Atmosphere with a Given Distribution of Relative Humidity », *Journal of the Atmospheric Sciences*, 24, 241, 1967, et « The Effects of Doubling the CO_2 Concentration on the Climate of a General Circulation Model », *Journal of the Atmospheric Sciences*, 32, 3, 1975. Voir aussi le célèbre rapport Meadows, 1972 ; http://pinguet.free.fr/meadows72.pdf, et les alertes de J. Hansen (directeur de la NASA) au Sénat américain à la même période.

27. Cité par A. Weinberg, *op. cit.*

28. D. Lilienthal, *Change, Hope and the Bomb*, Princeton University Press, 1963.

29. Cette démarche est validée en 1958 lorsque le *Nautilus* traverse la totalité de la calotte glaciaire arctique sans remonter à la surface pendant des mois. Pour son impact sur le nucléaire civil, voir C. Perrow, *Normal Accidents*, Basic Books, 1984.

30. J. Byrne et S. M. Hoffman (ed.), *Governing the Atom. The Politics of Risk*, Transaction Publishers, 1996.

31. Comme l'ont montré de très nombreux travaux universitaires, la puissante caste techno-administrative du Corps des mines, présente tant

dans l'industrie privée que dans l'État, a joué un rôle majeur dans cette permanence française. S'y ajoutent les énarques.

32. D. Bergmann, cité *in* A. Cohen, *Israel and the Bomb*, Columbia University Press, 1998.

33. V. Mourogov, K. Fukuda et V. Kagramanian, « The Need for Innovative Nuclear Reactor and Fuel Cycle Systems. Strategy for Development and Future Prospects », rapport AIEA, 2002.

34. L. M. Lidsky, « Safe Nuclear Power », *The New Republic*, 28 décembre 1987.

35. F. Chateauraynaud et J. Debaz, *Aux bords de l'irréversible. Sociologie pragmatique des transformations*, Petra, 2017.

36. Voir, par exemple, H. Bernas, « Unfolding Time at Fukushima », *in* B. Bensaude-Vincent, S. Boudia et K. Sato (ed.), *Living in a Nuclear World*, Routledge, 2022.

37. « Personne ne peut garantir qu'il n'y aura jamais d'accident nucléaire en France », déclare le président de l'ASN, A.-C. Lacoste, au lendemain de Fukushima.

38. S. Topçu, *La France nucléaire. L'art de gouverner une technologie contestée*, Seuil, 2013 ; M. Ghis-Malfilâtre, « Santé sous-traitée. Ethnographier les mobilisations contre les risques du travail dans l'industrie nucléaire en France (1968-2018) », thèse, EHESS, 2018.

39. Successivement P.-F. Chevet et B. Doroszczuk devant l'OPECST et les commissions parlementaires.

40. D. Kessler, « Adieu 1945, raccrochons notre pays au monde », *Challenges*, 4 octobre 2007.

41. Voir Assemblée nationale, rapports OPECST, *op. cit.*

42. J.-M. Folz, rapport sur l'EPR de Flamanville, octobre 2019 ; https://www.vie-publique.fr/sites/default/files/rapport/pdf/271429.pdf

43. Voir site web IRSN : https://www.irsn.fr/FR/connaissances/Installations_nucleaires/Les-centrales-nucleaires/cuves-reacteurs/Pages/2-caracteristiques-conception-fabrication-contrele-cuves.aspx#.Y-T40ROZM4h

44. T. de Larochelambert, « Vieillissement des aciers sous irradiation. Risque de rupture des cuves de réacteurs nucléaires », 2es entretiens CERDACC-UHA, « Sûreté et sécurité des installations nucléaires civiles », Colmar, 22 novembre 2019.

45. Interview télévisée par J.-L. Servan-Schreiber : https://www.ina.fr/ina-eclaire-actu/1979-les-calculs-du-president-d-edf-et-le-risque-de-fissure-dans-les-centrales-nucleaires

46. https://www.irsn.fr/FR/expertise/theme/Pages/Avis-rapports-reexamen-surete-VD4-900.aspx#.Ygl41N_jLpA. Voir B. Laponche *et al.*, « Risques du prolongement de la durée de fonctionnement des réacteurs de 900 MW d'EDF », Global Chance, 26 février 2021 ; http://www.global-chance.org/IMG/pdf/gc_rapport_risques_prolongement_900_mw-2021020215.pdf, et T. de Larochelambert, *op. cit.*

47. Communication personnelle, 4 novembre 2020.

48. Voir les révélations sur les cuves Framatome défectueuses, P. Le Hir, *Le Monde*, 17 août 2012. La vision de l'IRSN est présentée dans https://www.irsn.fr/FR/connaissances/Installations_nucleaires/Les-centrales-nucleaires/cuves-reacteurs/Pages/4-Detection-defauts-cuves.aspx?dId=9ec47067-0a3e-4284-b818-1cd6b909f399&dwId=02acab8a-6896-4434-8118-01a8d-d7a0c6e#.Yb8G4CzjK9Y

49. C. Lewandowski, audition à la Commission d'enquête visant à établir les raisons de la perte de souveraineté et d'indépendance énergétique de la France, 19 janvier 2023.

50. B. Doroszczuk (ASN), présentation des vœux à la presse, 19 janvier 2023.

51. Rapport de l'ASN sur l'état de la sûreté nucléaire et de la radioprotection en France, 2021 ; https://www.asn.fr/l-asn-informe/actualites/rapport-de-l-asn-sur-l-etat-de-la-surete-nucleaire-et-de-la-radioprotection-en-france-en-2021 ; avis de l'IRSN concernant la poursuite de l'activité des centrales 900 MWe à cinquante ans ; https://www.irsn.fr/FR/expertise/avis/2020/Documents/juin/Avis-IRSN-2020-00099_version-commentee_15092020.pdf ; et rapport IRSN sur Tricastin. Voir aussi https://www.global-chance.org/IMG/pdf/gc_synthe_se_risques_prolongement_900_mw-2021020215.pdf

52. *Tribune de Genève*, 8 octobre 2015.

53. Traduction de l'auteur.

54. Voir l'étude exhaustive de M. Denoun, « Du salut énergétique au sauvetage de la filière nucléaire française », thèse, EHESS, 2022.

55. Voir, par exemple, R. Cowan, « Nuclear Power Reactors. A Study in Technological Lock-in », *Journal of Economic History*, vol. 50, n° 3, 1990, p. 541.

56. J.-M. Folz, rapport sur l'EPR de Flamanville, octobre 2019, https://www.vie-publique.fr/sites/default/files/rapport/pdf/271429.pdf ; et aussi Cour des comptes, rapport sur la filière EPR, 2020, https://www.ccomptes.fr/system/files/2020-08/20200709-rapport-filiere-EPR.pdf. Des risques d'échecs et de dépassements financiers semblables sont craints à la centrale EDF de Hinkley Point. Et les défauts récemment détectés sur un réacteur EPR chinois à Taishan pourraient être dus à des problèmes de conception.

57. Rapport d'enquête sur la sûreté et la sécurité des installations nucléaires, Assemblée nationale, 2018, https://www.assemblee-nationale.fr/dyn/15/rapports/cenucl/l15b1122-ti_rapport-enquete#

58. V. Neumayer, responsable syndicale Énergie, citée par *Médiapart*, 26 octobre 2021. M. Denoun cite de nombreuses confirmations de cette analyse par des responsables présents ou passés des différents organismes, thèse, *op. cit.*

59. A. Abdessalam, F. Botte, L. Cordonnier, T. Dallery *et al.*, « Un capitalisme sous perfusion. Mesure, théories et effets macroéconomiques des aides publiques aux entreprises françaises », rapport Clersé-Université Lille 3-IRES, octobre 2022 ; France Stratégie, « Les politiques industrielles en France », rapport à l'Assemblée nationale, novembre 2020.

60. R. Boyer, *Les Capitalismes à l'épreuve de la pandémie*, La Découverte, 2020, https://www.editionsladecouverte.fr/les_capitalismes_a_l_epreuve_de_la_pandemie-9782348065835

61. P. Cohen, « Why Russia Has Such a Strong Grip on Europe's Nuclear Power", *New York Times*, 10 mars 2023 ; et rapport WNISR, *op. cit.*

62. Voir, par exemple, E. Schlosser, *Command and Control. Nuclear Weapons, the Damascus Accident, and the Illusion of Safety*, Penguin Press, 2013.

63. Pour la France, voir OPECST, rapport au Parlement, https://www.senat.fr/rap/r16-463/r16-463.html ; J. C. Zerbib, rapport à la Commission d'enquête sur la sûreté et la sécurité nucléaires (usines de retraitement), Global Chance, mai 2018, https://www.global-chance.org/IMG/pdf/jean_claude_zebib-usines_de_la_hague-31mai2018b.pdf

64. R. Alvarez *et al.*, « Reducing the Hazards from Stored Spent Power-Reactor Fuel in the United-States », *Science and Global Security*, 11:1-51, 2003.

65. M. Lehtonen, « Opening up or Closing down Radioactive Waste Management Policy? Debates on Reversibility and Retrievability in Finland,

France, and the United Kingdom », *Risk, Hazards & Crisis in Public Policy*, vol. 1, issue 4, 2010, p. 139-179, https://www.academia.edu/28047639/Reversibility_and_retrievability_in_the_deliberative_decision_making_processes_on_radioactive_waste_in_Finland_and_the_United_Kingdom

66. Sur la problématique du site français Cigéo, sa mise en œuvre par l'ANDRA et ses aléas, voir L. Patinaux, « Enfouir des déchets nucléaires dans un monde conflictuel. Une histoire de la démonstration de sûreté de projets de stockage géologique en France, 1982-2013 », thèse, EHESS, 2017. La situation de WIPP a fait l'objet de plusieurs rapports de l'Académie des sciences américaine.

67. Voir l'avis de l'Autorité environnementale officielle : http://www.cgedd.developpement-durable.gouv.fr/IMG/pdf/210113_cigeo_52_55_delibere_cle26329f.pdf

68. B. Doroszczuk (ASN), « Vœux à la presse », 19 janvier 2022. Son souhait largement partagé de « mettre en œuvre le plus rapidement possible des solutions concrètes et sûres » se heurte aux difficultés physico-chimiques et géologiques depuis des décennies.

69. Expression d'un responsable, cité par M. Denoun, thèse, *op. cit.*

70. F. Soddy, *Aberdeen Conferences*, 1919, J. Murray, 1920. (Traduction de l'auteur.) Il introduisit la notion d'isotope en 1913, et reçut le prix Nobel. Reconverti en économiste militant à la fin des années 1920, il influença Keynes.

71. La notion de « réserve » est relative : son « ampleur » dépend du prix de la matière première. Un siècle de réserves, c'est selon le prix actuel et avec des réacteurs identiques à ceux du parc existant.

72. C. Bataille et C. Birraux, rapport OPECST, « L'état d'avancement et les perspectives des recherches sur la gestion des déchets radioactifs », octobre 2005, https://www.assemblee-nationale.fr/12/rap-off/i2159.asp

73. Sur les finalités et les aléas de Superphénix, voir C. Le Renard, « Le prototype défait. Superphénix, des glissements de la promesse techno-scientifique aux épreuves de la "démocratie technique" », thèse, Paris-Est-LISIS, 2021. Sur le rôle déterminant des RNR dans l'évolution du nucléaire en France, voir M. Denoun, *op. cit.*

74. Y. Bréchet, audition à l'Assemblée nationale, *Revue politique et parlementaire*, 2 décembre 2022 ; ou https://www.assemblee-nationale.fr/dyn/16/comptes-rendus/ceindener/l16ceindener2223010_compte-rendu#

75. R. L. Garwin, *Another View of the Role of Nuclear Power*, Forum on Physics and Society (FPS), États-Unis, 2005, http://www.aps.org/units/fps/newsletters/2005/january/articles.html ; et E. Teller, « When Will We Need Breeders? Maybe Never », *Nuclear News*, août 1967.

76. Commentaire du meilleur spécialiste mondial de sécurité nucléaire, R. L. Garwin, *op.cit.*

77. L'histoire de cette période, et des rapports CEA-EDF, est analysée dans les travaux de D. Finon et M. Damian, de C. Le Renard, *op. cit.* et M. Denoun, *op. cit.* Voir aussi G. Hecht, *The Radiance of France*, MIT Press, 2009.

78. Voir Y. Bréchet, *op. cit.*

79. H. Michaux, *Face aux verrous*, Gallimard, 1954.

80. Par exemple, A. Bénassy-Quéré et P. L. Girard, « Il faut décarboner l'activité économique plutôt que la réduire », *Le Monde*, 6 avril 2023.

81. H. de Balzac, *La Maison Nucingen*, Hachette BnF, 2013.

82. L. Chancel, « Global Inequality of Carbon Emissions 1990-2020 », *Nature Sustainability* 5, 931, 2022, https://www.nature.com/articles/s41893-022-00955-z ; J. Barasz et H. Garner (coord.), « Soutenabilités ! Orchestrer et planifier l'action publique », rapport de France Stratégie, 2022, voir notamment chap. 1, « Conflits de soutenabilités ».

83. Rapport Insee, janvier 2023, https://www.insee.fr/fr/statistiques/6689022#onglet-2

84. Rapport Oxfam, « La loi du plus riche », 2023, https://www.oxfamfrance.org/wp-content/uploads/2023/01/Davos_2023_french_full_report.pdf

85. Rapport de l'ONG Reclaim Finance, 2023, https://reclaimfinance.org/site/2023/04/05/les-acteurs-financiers-continuent-dalimenter-lindustrie-du-gaz-source-demissions-massives/

86. Voir l'article très informé de P. Quilès, *Huffington Post*, 30 juin 2018, https://www.huffingtonpost.fr/paul-quiles/la-dissuasion-nucleaire-un-gouffre-financier-qui-affecte-notre-securite_a_23471116/

87. https://world-nuclear.org/information-library/non-power-nuclear-applications/transport/nuclear-powered-ships.aspx

88. Sur ces questions, voir l'ouvrage implacable de B. Pelopidas, *Repenser les choix nucléaires*, Presses de Sciences Po, 2022. Voir aussi B. Pelopidas,

« Les émergents et la prolifération nucléaire », *Critique internationale* 56, mars 2012, p. 57.

89. Moins 20 % depuis 2010, selon l'Insee.

90. C. Serfati, « La centralité du militaire en France et ses effets sur le système productif et l'emploi », *Les Possibles*, n° 24, été 2020 ; et *L'État radicalisé*, La Fabrique, 2022.

91. « En 2019, les firmes multinationales françaises (hors secteur bancaire et services non marchands) contrôlent 48 200 filiales à l'étranger. Elles y réalisent la moitié de leur chiffre d'affaires consolidé et y emploient 6,8 millions de personnes. [...] Elles regroupent 45 % des filiales et réalisent 83 % du chiffre d'affaires consolidé total réalisé à l'étranger. La moitié sont implantées dans au moins 11 pays étrangers », *Insee Focus*, n° 252, octobre 2021, https://www.insee.fr/fr/statistiques/5542371

92. Le budget français de recherche et développement en matière de défense (5,6 milliards d'euros) est de loin le premier d'Europe.

93. H. Bernas, « La Centrale nucléaire de Zaporijia est un avatar dramatique d'une crise énergétique mondiale », *Le Monde*, 3 septembre 2022.

94. Voir Reclaim Finance, 2023, rapport cité.

95. M. Reghezza-Zitt, chronique, *Libération*, 20 avril 2023.

96. D. Méda, « L'intervention de l'État a peu à peu été décrédibilisée et mise au service du marché », *Le Monde*, 4 mars 2023.

97. G. Tomasi di Lampedusa, *Le Guépard*, Seuil, 1963.

98. Par exemple, https://jancovici.com/ ; F. Birol, rapport AIE, « France 2021, examen de la politique énergétique », décembre 2021, https://www.iea.org/reports/france-2021 ; Association Negawatt, https://negawatt.org/Scenario-negaWatt-2022

99. Loi de transition énergétique, voir https://www.ecologie.gouv.fr/strategie-nationale-bas-carbone-snbc

100. Voir WNISR 2023, rapport cité.

101. Voir S. Huet, *op. cit.*

102. Voir cependant une nette prise de conscience chiffrée dans le rapport dit « Pisani-Ferry » de France Stratégie, « Les incidences économiques de l'action pour le climat », https://medias.vie-publique.fr/data_storage_s3/rapport/pdf/289488_0.pdf, dont les conclusions furent immédiatement récusées par le gouvernement.

Table

RÉALISATION : NORD COMPO À VILLENEUVE-D'ASCQ
IMPRESSION : CPI FRANCE
DÉPÔT LÉGAL : SEPTEMBRE 2023. N° 153149 (174855)
Imprimé en France